北京市科学技术协会科普创作出版资金资助

走近神奇的石墨烯

石墨烯的前世今生

Past and Present

石墨烯联盟 著

人民邮电出版社
北京

图书在版编目（CIP）数据

石墨烯的前世今生 / 石墨烯联盟著. -- 北京 : 人民邮电出版社, 2022.11（2023.11重印）
（走近神奇的石墨烯）
ISBN 978-7-115-58356-7

Ⅰ. ①石… Ⅱ. ①石… Ⅲ. ①石墨烯－普及读物
Ⅳ. ①TB383-49

中国版本图书馆CIP数据核字(2022)第034766号

内 容 提 要

从生命起源到工业时代，碳材料的发展与文明进步息息相关。新型碳材料石墨烯的出现会带来怎样的变革？本书回顾石墨烯的发现历程，直面关于石墨烯“一股脑吹捧”与“一棒子打死”的偏见，阐释如何正确认识石墨烯的过去、现在和未来，以及石墨烯对学术界、产业界带来的深远意义。如果你对新兴科技的发展充满兴趣也抱有期待，相信本书梳理出的关于石墨烯的种种“真相”，能帮助你感受前沿科学的魅力，从中获得启发。

◆ 著 石墨烯联盟
责任编辑 林舒媛
责任印制 焦志炜
◆ 人民邮电出版社出版发行 北京市丰台区成寿寺路 11 号
邮编 100164 电子邮件 315@ptpress.com.cn
网址 https://www.ptpress.com.cn
北京富诚彩色印刷有限公司印刷
◆ 开本：720×960 1/16
印张：14.5 2022 年 11 月第 1 版
字数：187 千字 2023 年 11 月北京第 3 次印刷

定价：89.00 元

读者服务热线：(010)81055552 印装质量热线：(010)81055316
反盗版热线：(010)81055315
广告经营许可证：京东市监广登字 20170147 号

编委会

（按章节撰写顺序排序）

朱宏伟	清华大学
赵国珂	清华大学
李佳炜	清华大学
侯士峰	山东农业大学
李铁虎	西北工业大学
李雪松	电子科技大学
沈长青	电子科技大学
侯雨婷	电子科技大学
叶晓慧	陕西科技大学
王　斌	国家纳米科学中心
高　超	浙江大学
谢　丹	清华大学
陈成猛	中国科学院山西煤炭化学研究所
袁　荃	武汉大学、湖南大学
王文杰	湖南大学

冷金凤　南京工业大学

吴明红　上海大学

史浩飞　中国科学院重庆绿色智能技术研究院

孙立涛　东南大学

毕恒昌　华东师范大学

赵　悦　南方科技大学

王进美　西安工程大学

张儒静　中国航发北京航空材料研究院

李小天　烯旺新材料科技股份有限公司、深圳市纳设智能设备有限公司

李义春　西安市追梦硬科技创业基金会

汤锡芳　西安市追梦硬科技创业基金会

吴鸣鸣　石墨烯产业技术创新战略联盟（CGIA）

胡振鹏　石墨烯产业技术创新战略联盟（CGIA）、上海市石墨烯产业技术功能型平台

贾　艳　石墨烯产业技术创新战略联盟（CGIA）

周又红　北京市西城区青少年科技馆

赵　溪　北京市西城区青少年科技馆

杜春燕　北京市第三十五中学

岳　蕾　北京中学

Foreword

Until recently, all materials known to man were bulk or three dimensional, having three spatial characteristics: length, width and thickness. Materials that are only one atom thick were presumed not to exist.

One of a sudden, graphene was found less than two decades ago. It is a single layer of carbon atoms arranged into a hexagonal crystal lattice. Graphene is not only the thinnest material in the universe, but its properties are truly amazing. For example, it is stronger than steel, conducts electricity better than copper and disperses heat better than diamond. The list of graphene's superlative properties is long and continues to grow. Importantly, graphene's discovery led to the development of many other similar materials that are also one atom or one molecule thick and called two-dimensional. They exhibit remarkable properties, too.

We are at the first stages of a technological revolution where such two-dimensional materials start to get utilized, bringing advances into practically every area of human endeavor. Among all atomically thin materials, graphene leads the way. It turned to be such a versatile material that people sometimes call it the industrial monosodium glutamate. There are many companies in the United States, Europe and Asia who push this revolution forward, but China is in front of the race.

The series *Approaching the Magic Graphene* explains cutting-edge science of graphene in terms understandable for the general public. The production team includes front-line researchers, high-school teachers and academic editors to ensure the authority, depth, clarity and excitement of the text. In this informative and beautifully styled presentation, along with a basic overview of graphene's science and technology, the authors show how developments in graphene-based science are already shaping our daily lives through a large number of illustrations and vivid examples.

Recommendation from Nobel Laureate Andre Geim

Andre Geim

Nobel Laureate Andre Geim

November 2022

序（译文）

长期以来，人类已知的所有材料都是三维的，即具有长度、宽度和厚度3个空间特征。单原子厚的材料一直被认为并不存在。

大约二十年前，石墨烯被发现。石墨烯具有由单层碳原子排列而成的六边形晶格结构。它不仅是最薄的材料，而且具有诸多卓越的性能。例如，它比钢更强，比铜导电更好，比金刚石散热更佳。在描述石墨烯优异性能的长长的列表中，不断有新性能被添加进来。更重要的是，石墨烯的发现推动了许多其他与之类似的单原子或单分子厚的材料（即二维材料）的发展。这些二维材料同样展现出令人瞩目的特性。

我们正处于一场由二维材料引发的技术革命的起步阶段，这场革命将给人类的生活带来深远的影响。在所有单原子厚的材料中，石墨烯处于引领的地位。石墨烯用途广泛，因此常被称为“工业味精”。美国、欧洲和亚洲有许多公司在推动这场革命，但中国走在了前面。

“走近神奇的石墨烯”系列使用公众易于理解的语言解释了有关石墨烯的前沿科学。作者包括一线研究人员、中学教师和学术编辑，以确保内容的权威性、深度、清晰性和趣味性。在这套内容丰富、风格优美的书中，作者在阐述石墨烯科学和技术基础知识的同时，通过大量的图解和示例，生动地展示了基于石墨烯的科学发展正如何塑造我们的日常生活。

诺贝尔奖得主　安德烈·海姆

2022年11月

诺贝尔奖得主
安德烈·海姆的
推荐视频

序

科学的星空闪耀着你的名字

——石墨烯的诗与远方

2021 年 2 月，一个重磅消息突然刷屏，天才少年曹原及其团队发表了他们的第五篇《自然》（*Nature*）论文，揭示了“魔角”扭曲三层石墨烯的超导性！此前，他们曾报道扭曲双层石墨烯的独特超导性，即当两层石墨烯扭转成 1.1° 排列时，就会出现异乎寻常的超导现象，这个角度被称为“魔角”。

这一进展昭示着，石墨烯的星空很深邃，还有很多未被发现的星系。它们在召唤着，召唤着我们插上思想的翅膀，去刻上自己的名字，好比大将军封狼居胥，勒石燕然。在科学的星空，闪耀着无数的星星——那些我们熟悉的科学家，牛顿、爱因斯坦、伽利略、钱学森、屠呦呦，等等。尽管嫦娥五号取回了月球的“特产”月壤，“天问一号”成功着陆火星，但科学的星空依然深邃，未来一定有机会写上你的名字、我的名字、他的名字，更多中国人的名字。

与石墨烯相关的中国故事，可以追溯到 900 多年前。北宋有个著名人物，叫沈括，被誉为“中国的达·芬奇”，著有一本科技杂谈书——《梦溪笔谈》。该书被英国史学家李约瑟评为“中国科学史上的里程碑”。书中卷二十四·杂志一记载：鄜、延境内有石油……颇似淳漆，然之如麻，但烟甚浓，所沾幄幕皆黑。大意是说在陕西延安一带有石油，看起来像油漆，可以像麻草一样燃烧，燃烧时有浓烟，烟沾之处变成了黑色。如今研究发现，这些超细的烟尘里就含有石墨烯等纳米碳。

石墨烯，可以视为最薄的石墨，也可以理解为由碳原子呈蜂窝状平面排列而成的一张纸。用铅笔写字作画，笔芯就可能摩擦出石墨烯。用胶带反复撕剥石墨块，就可以获得石墨烯。2004 年，安德烈·海姆（Andre Geim）和康斯坦丁·诺沃肖洛夫（Konstantin Novoselov）就用“撕剥”这种简单的办法首次制得了石墨烯，并摘得了 2010 年诺贝尔物理学奖。对石墨而言，不断将其一半去除，最后剩下一层碳原子，就是石墨烯了。另外，在铜等金属基底上，通过高温裂解甲烷等含碳分子，也可以制备出大面积的石墨烯。

石墨烯无色无味、“多才多艺”，身披多宗“最”。

它至大至微，横向可无限生长，厚度却不足 1 nm，大约相当于头发丝直径的十万分之一。

它至刚至柔，可伸展亦可折叠。

它至强至韧，可承重亦可拉长。

它透明如水，却可感知从紫外光到可见光再到红外光和太赫兹的超宽频光波。

它密不透风，只有质子在特定条件下可以通过。

它是最光滑的“溜冰场”，电子轻轻滑过，无拘无束。

强者多厚望。石墨烯被誉为“新材料之王”“改变 21 世纪的革命性材料”。人类历史经历了石器、陶器、铜器、铁器时代的变迁，现正处在硅时代。下一个时代或称为量子时代，其决定性材料是什么呢？可能就有石墨烯。

事物总是具有两面性，甚至多面性的。具有完美结构的石墨烯，难以大量制得，并且难以加工，具有不溶解、不浸润、不熔化的特点，在许多领域的应用受到限制。这就好比金刚石，尽管其导热性非常好，但由于太硬，难以加工，所以难以大规模应用。因此，氧化石墨烯备受重视。氧化石墨烯可以视为富有含氧官能团和具有孔洞缺陷的石墨烯，较石墨烯而言，尽管结构上存在缺陷，但氧化石墨烯具有易溶解、易加工、易改性、易复合、易量产等诸多优点，且通过化学、热还原、微波等处理，氧化石墨烯的缺陷会被修复，变成结构较完美的石墨烯。此外，借助各种组装方法，石墨烯在分子层面的优秀“基因”能传递到现实的宏观材料中。

石墨烯的性能神奇、应用广泛，但其产业化不能一蹴而就，要经历量变到质变的积累，从顶天立地到铺天盖地，最终实现改天换地。根据科学技术发展规律，石墨烯产业化需要经历“三生”发展路径，即“伴生”“共生”和“创生”。

“伴生”就是石墨烯作为功能助剂或“工业味精”，被添加到高分子、陶瓷、金属等传统材料中，虽然用量较少，但可提升产品性能，增强功能，拓宽用途，如石墨烯功能复合纤维、防腐涂料、散热涂料、导电涂料等。处于伴生发展路径中的石墨烯，现已突破分散技术，实现量产，进入市场推广阶段。

“共生”就是石墨烯作为材料的主要成分，起到功能主体作用，如石墨烯电热膜、散热膜、打印电路、传感器等。处于共生发展路径中的石墨烯，现已进入产业化初期阶段，产品在市场上可见，但市场占比还不大。

“创生”就是石墨烯作为材料的支撑骨架，相较于传统竞品材料，在功能或性能上具有颠覆性，起到决定性或“撒手锏”级作用。如石墨烯燃料电池电极、海水淡化膜、柔性触摸屏、光电子芯片等。处于创生发展路径中的石墨烯，目前还在基础研究或技术研发阶段。

石墨烯的未来已来，石墨烯的远方将至。在此，以一首《“烯”望》畅想石墨烯的无限应用前景：衣住用行玩，智芯能电感，星空天地海，烯用疆无边。“衣住用行玩”，即在日常消费领域用得上石墨烯；“智芯能电感”，即在关键技术领域用得上石墨烯；“星空天地海”，即在国家需求及人类命运共同体需求领域用得上石墨烯。

展望未来，石墨烯和其他新材料的未知世界还很大，我们仍然处在新发现、新发明、新创造的黄金时代。当我们解决了一个科学问题，就点亮了一颗科学之星，人类的文明之路就燃起了一盏航灯。

志之所驱，虽艰必克；梦之所引，虽远必达。仰望，逐梦，科学的星空，一定会闪耀着你的名字！

作者

2022 年 11 月

前言

石墨烯是什么？石墨烯比玻璃更透明吗？石墨烯能托起一头大象吗？石墨烯能让空气更净、水更纯吗？“石墨烯口罩”“石墨烯暖宝宝”“石墨烯内衣”“石墨烯发热壁画”是真的吗？石墨烯和5G有什么关系？石墨烯能用来制作芯片吗？石墨烯能检测病毒吗？

石墨烯是石墨的极限存在形式。2010年诺贝尔物理学奖被授予了首次制得石墨烯的研究者。作为二维材料的典型代表，石墨烯受到国内外科研工作者广泛而持久的关注。同时，石墨烯作为我国重要的前沿新材料，在推动材料领域基础研究进步、传统产业转型升级和新兴产业发展等方面发挥着巨大的作用。《中华人民共和国国民经济和社会发展第十四个五年规划和2035年远景目标纲要》提出要发展壮大战略性新兴产业，其中就包括新材料。《面向2035的新材料强国战略研究》明确将“石墨烯材料”列为重点研发对象。普及石墨烯的知识对推动科技进步、行业发展及树立公民正确的科学认知具有重要作用和深远意义。

在此背景下，石墨烯领域的一线科研学者（教授、研究员）和教育工作者（重点中学和科技馆的教师）以石墨烯为主题，结合大众的阅读习惯、知识储备，商定语言风格、内容深度，共同撰写“走近神奇的石墨烯”系列图书。

“走近神奇的石墨烯”系列包括《石墨烯的前世今生》《石墨烯的探秘之旅》，由石墨烯发现者、诺贝尔物理学奖获得者安德烈·海姆（Andre Geim）作序，旨在以石墨烯这一特色新材料为切入点，讲述前沿科学与基础科学间的关联性，激发读者感受前沿科学的魅力。其中，《石墨烯的前世今生》全面回顾新材料石墨烯的发现历程，介绍石墨烯的结构、制备方法、优异性能及上中下游应用，系统梳理石墨烯在发现、发展过程中面对的质疑，详细阐述如何正确认识、理解石墨烯的过去、现在和未来，以及石墨烯给学术界、产业界带来的影响，并展望石墨烯的发展趋势。书中有妙趣横生的故事、赏心悦目的插图、一目了然的表格、年代感十足的老照片、珍贵的史料及最新的调研数据，内容形式丰富多样。《石墨烯的探秘之旅》集通俗演绎、科学普及、硬核知识为一体，深入浅出地介绍“了解石墨烯”“制备石墨烯”“感受石墨烯”“认识石墨烯”“详解石墨烯”“探究石墨烯”等内容，设计“提示与启发”“拓展知识”等模块，提炼科学常识和科学问题。书中汇集了15个趣味性强、操作简单、效果突出的探究性实验，便于读者亲身体验。

感谢国家自然科学基金、北京市科学技术协会科普创作出版资金资助项目、西安市追梦硬科技创业基金会对本系列图书的支持。由于石墨烯领域的发展日新月异，加之作者的水平和能力有限，时间仓促，书中难免有疏漏和不足之处，敬请读者和专家予以批评指正。

作者

2022年11月

目录

第1章 初识 碳家族——生命之源

目录

第 2 章　偶遇　重大突破——从不可能到可能

第 3 章　成长　开启未来——积累、上升

目录

第4章　出彩　改变世界——推广、应用

目录

第5章　交锋　欲戴王冠——争议、舆论

第6章　曙光　必承其重——坚持、正名

目录

第 7 章　挑战　探索——无止境

第 8 章　希望　未来——希望！“烯”望

第 1 章　初识

碳家族——生命之源

碳与生命起源

地球上的一切物质都是由元素构成的。在元素周期表的118种元素中，构成生命体的主要元素共有6种（碳、氢、氧、氮、磷、硫）。其中，碳是糖、蛋白质、脂肪和核酸的主要成分，是地球上所有生命形式的物质基础，参与了动植物的一切生命活动。

碳是什么

碳是一种非金属元素，位于元素周期表的第二周期第IV主族，英文为Carbon，来自拉丁语Carbonium，意为“煤、木炭”。从化学元素的角度看，碳的基本定义如图1-1所示。碳原子的结构如图1-2所示。

原子序数（原子核中的质子数）	6
原子符号（元素周期表）	C
相对原子质量	12.0107
第一电离能	1086.5
电负性	2.55
室温下形态	固体
元素类别	非金属
常见的同位素	^{14}C、^{12}C、^{13}C

图1-1　碳的基本定义

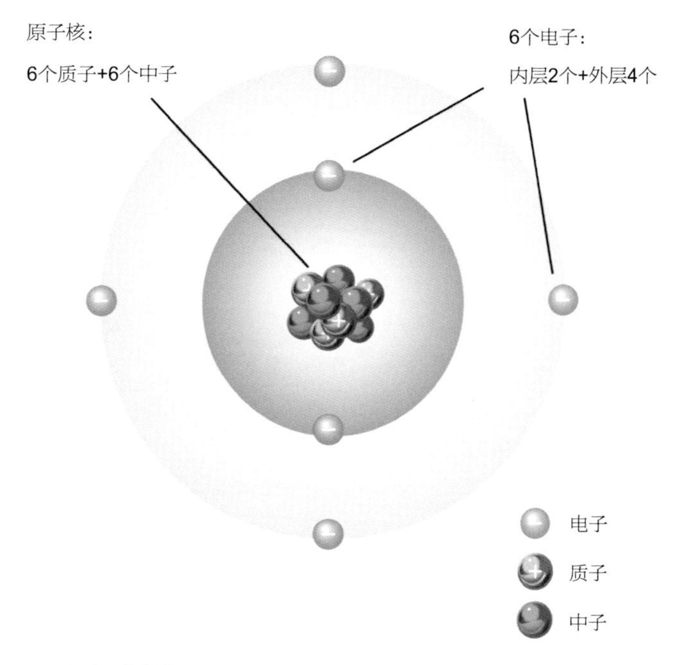

图 1-2　碳原子的结构

关于碳的几个事实

人类文明的基础——经济、家园、交通工具等都建立在含碳化合物之上。人类日常生活中不可缺少的物质，从煤气、汽油、香水到塑料、衣服等，均以含碳化合物为主。同时，碳在地球上的循环过程也与动植物的生命过程相关。大气中的二氧化碳被植物吸收，植物通过光合作用将二氧化碳转化为含碳有机物，含碳有机物通过食物链被动物吸收利用，最后以二氧化碳的形式释放，进入下一个循环（见图 1-3）。

关于碳的小常识还有很多，下面列出其中的一些。

· 碳是在宇宙诞生之初产生的，在宇宙中的含量位居第四，仅次于氢、氦和氧。

· 碳在地壳中的含量非常高，约为 0.027%。地壳中比碳含量高的元素有氧、硅、铝、铁、钙、钠、钾、镁等。地球中的碳存储在岩

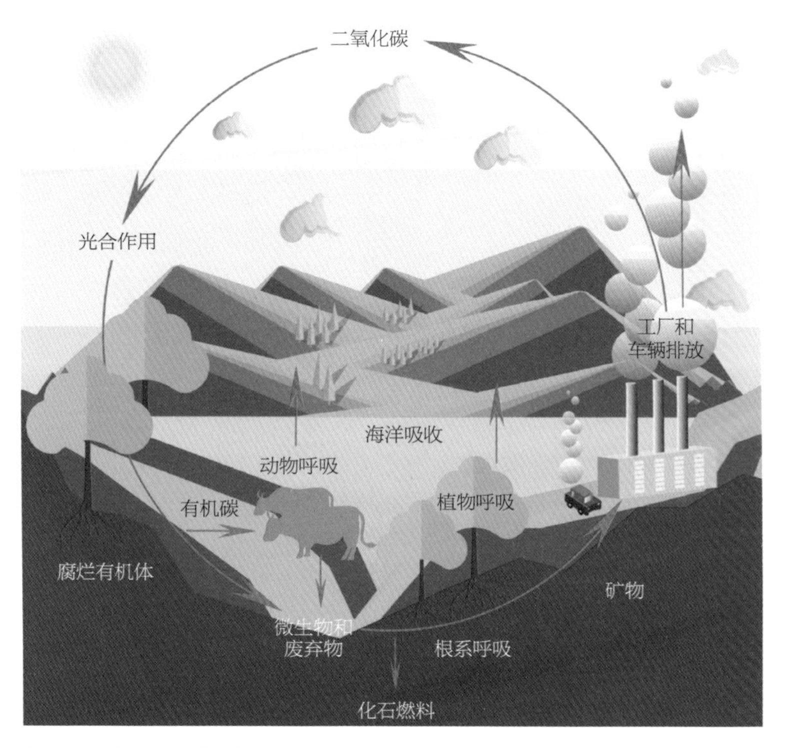

图 1-3　自然界的碳循环

石、海洋、大气、植物、土壤和化石燃料中。

· 碳可与自身或其他化学元素结合，形成上千万种化合物。与其他元素相比，碳更容易形成化合物，因而被称为“元素之王”。

· 碳是有机化学的基础元素，随着合成技术的发展，最大相对分子质量的有机化合物已经从几十万发展到几百万，甚至上千万。

碳与生活

碳在史前就已被发现，炭黑和煤是人类最早利用碳的形式。大约在公元前 2500 年，钻石（即金刚石）已被中国人所熟知。煤作为碳的主要存在形式，在罗马时代开始被使用。下面回顾几种重要碳材料的发展历程：1772 年，法国化学家安托万·拉瓦锡（Antoine Lavoisier）发现钻石是碳的一种存在形式，他将钻石和煤燃烧，发现二者都不生成水，并且每克钻石和煤所产生的二氧化碳的量是相等的；1786 年，法国化学家克劳德·贝托莱（Claude Berthollet）将石墨氧化，证明了石墨几乎都由碳构成。那么，煤、石墨、金刚石之间存在哪些联系，又有哪些区别呢?

煤

煤是生活中非常常见的一种碳（见图 1-4、图 1-5），本质上是一种由碳构成的沉积岩，成分包括固有的水分以及质量百分数超过 50% 和体积百分数超过 70% 的炭化材料，可燃烧，因此可用作燃料。煤主要分布在森林、沼泽等地方。植物遗骸在数百万年的热和压力的作用下，经过压实、硬化及化学变化，逐渐形成煤。植物在存活时通过光合作用来存储太阳能，死亡后，能量会随着植物的衰变而释放。在有利于煤形成的条件下，衰变过程中断，能量就被锁在煤里。

图 1-4　煤的来源及其在自然界的存在状态

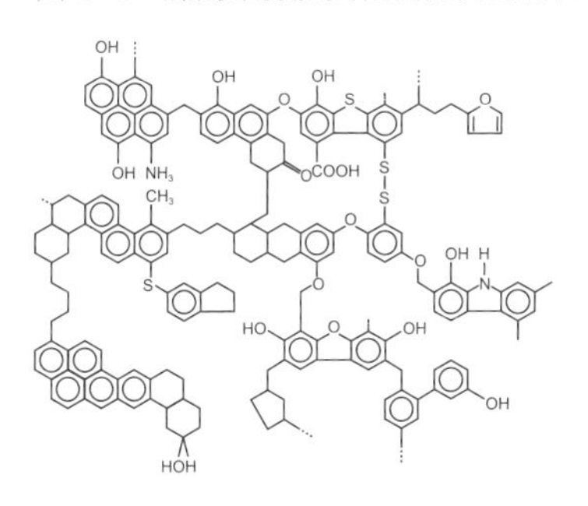

图 1-5　煤的化学式和实物照片

不同类型的煤有不同的用途。如蒸汽煤，又称热煤，主要用于发电；焦煤，又称冶金煤，主要用于钢铁生产。其他重要的用煤场所包括氧化铝精炼厂、造纸厂以及化工和制药厂。许多化工产品以煤为生产原料，如精炼煤焦油可用于制造化学品（煤层油、石脑油、苯酚、苯等），从焦炉中回收的氨气可用于制造氨盐、硝酸和农业肥料。事实上，成千上万的产品均采用煤或煤的产品作为成分，如肥皂、药物、溶剂、染料、塑料和纤维等。

石墨

石墨是制造铅笔的主要原料。石墨矿最早于 13 世纪中叶在中欧被发现，在随后的 4 个世纪里，先后在新英格兰、东印度群岛、西班牙、墨西哥等地被陆续发现。1564 年，英格兰人在博罗代尔（Borrowdale）发现了一种矿物（见图 1-6）。冶金学家第一次遇到这种物质时，以为是某种黑铅而不是碳，因而将其称为“plumbago”（“plumbago”源自“plumbum”，即拉丁语的“铅”）。不久后，人们发现由石墨制作的实心棒在做标记时具有很大优势，可在纸上涂写，可用于标记绵羊。随后，石墨又被发现有利于缓解绞痛。此外，石墨还可用作工业润滑剂，充当铁模和铸件之间的分离层，保护铁器等。随着应用的增加，从博罗代尔矿井中新发现的石墨变得极其珍贵。政府立即将其收归国有，并通过法律禁止人们偷盗固体石墨。随着需求的增长，石墨的价格从 1646 年的 18 英镑 / 吨上涨到 1804 年的 3920 英镑 / 吨，伊恩 · 泰勒（Ian Tyler）为此专门写了一本书，讲述了这一发展历程（见图 1-7）。

图 1-6　博罗代尔石墨矿

图 1-7　记录博罗代尔石墨矿发展历程的图书

石墨除了用于制造铅笔外，还可作为制备炮弹和火枪球的模具（见图 1-8）。18 世纪末，法国人尼古拉·孔泰（Nicolas Conté）将石墨粉与黏土混合，在窑中烧制来制备铅笔。作为一名业余画家、机械天才、发明家，孔泰发现通过改变石墨与黏土的比例，就可制造出不

图 1-8　现代铅笔的发明者孔泰的雕像

CONTÉ
PHYSICIEN
ET
PEINTRE
1755-1805

同硬度和黑度的铅笔，而现代铅笔就是粉状石墨和黏土的混合体，其中石墨的含量决定铅笔的黑度，黏土的含量决定铅笔的硬度（以 HB 表示）。H 是 Hardness（硬度）的首字母，B 是 Black（黑）的首字母。H 前面的数字越大，表示黏土的成分越高，笔芯越硬，颜色越淡。B 前面的数字越大，表示石墨的成分越高，笔芯越软，颜色越深。

金刚石

金刚石，又称钻石，是碳的一种同素异形体，不仅存在于自然界中，也可人工合成，已广泛应用于珠宝行业（见图 1-9）。在金刚石晶体[①]中，每个碳原子都与另外 4 个碳原子形成共价键，构成正四面体结构。由于共价键很强，所以金刚石的硬度很大、熔点极高。金刚石是自然界中最坚硬的天然矿物，可用于切割和抛光。金刚石中没有自由电子，所以不导电。

图 1-9　金刚石结构（左）、天然金刚石（中）、人造金刚石（右）

天然金刚石是 35 亿至 10 亿年前在高压和高温下由含碳液体溶解矿物质所形成的，被溶解的矿物质经喷发被带到地表，沉积在一种名为“金伯利岩”的岩石中。天然金刚石每年的开采量约为 20 吨。人造金刚石可以在高压和高温下由含碳材料合成，也可以通过化学方法由碳氢化合物气体生长而成。这种化学方法是一种将气相物质在高温下分

① 晶体是由大量微观物质单位（原子、离子、分子等）按一定规则有序排列的结构。

解并沉积到基底上，再形成新物质的方法，现在已广泛用于合成多种纳米材料。大多数人造金刚石由石墨合成，合成条件为 4.5 ~ 6.0 GPa、1400 ~ 1600 ℃。人造金刚石主要用作磨料，用于坚硬配件的抛光（见图 1-10）。

图 1-10　金刚石磨料

总而言之，金刚石的用途十分广泛，可用于珠宝首饰，如耳环、戒指、吊坠等；可用于精密制造，如钻孔、研磨、切割材料等；可用于电子器件，如散热材料、半导体材料等；可用于光学器件，如激光器等；也可用于音响设备，如音频设备、记录针等。

下面将梳理传统工业、新兴工业中常用的碳材料，并介绍几种正在发展的重要碳材料，展望其未来发展趋势（见图 1-11）。

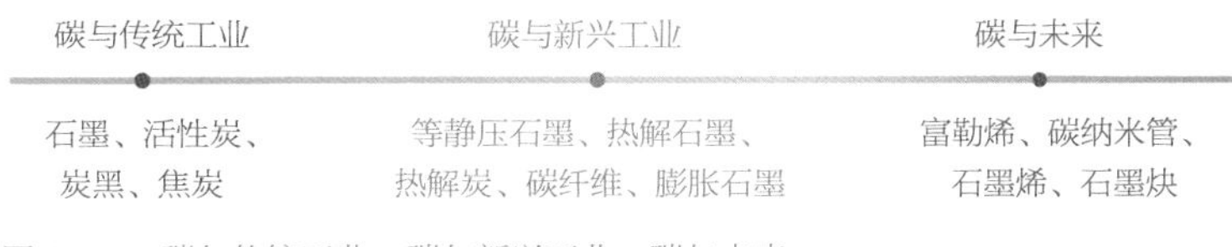

图 1-11　碳与传统工业、碳与新兴工业、碳与未来

碳与传统工业

传统工业中随处可见碳材料的身影，从电极、电刷、磨料到大型石墨铸件、高温反应炉等，都离不开碳材料。传统工业中的碳材料主要包括石墨、活性炭、炭黑、焦炭等。

石墨：工业元老

前文已经介绍了石墨的来源和组成，细分来看，石墨可分为天然石墨和人造石墨两大类。天然石墨来自石墨矿，主要分为鳞片石墨、土状石墨及块状石墨。天然石墨中杂质较多，需要通过选矿，降低杂质含量后才能使用。第 4 章将详细介绍这一过程。

在碳素工业中，产量最大的是人造石墨制品。人造石墨一般是以易石墨化的石油焦、沥青焦为原料，经配料、混捏、成型、焙烧、石墨化（高温热处理）和机械加工等一系列工序制成。

人造石墨的主要产品是电弧炼钢炉和矿热炉使用的石墨电极。此外，电解铝、氯碱工业也用石墨作为电解槽的电极材料。人造石墨还可用于电机电刷、精密铸造模具、电火花加工的模具和耐磨部件。人造石墨还具有耐腐蚀、导热性好、渗透率低等特点，在化学工业中广泛用于制作热交换器、反应槽、吸收塔、过滤器等设备。高纯度及高强度的人造石墨是核工业的反应堆结构材料和导弹火箭的重要部件。

活性炭：净化能手

活性炭是世界上最强大的吸附剂之一（见图 1-12）。活性炭的应用十分广泛，从日常水罐的过滤器到从矿石中回收黄金，涉及多种工业和生活用途，包括饮用水净化和市政水处理、垃圾填埋、气体排放、贵金属回收、空气净化、可挥发有机化合物去除等。

活性炭是一种经特殊处理的碳。将有机原料（果壳、煤、木材等）在隔绝空气的条件下加热以去除非碳成分（此过程称为炭化），然后与气体反应使得表面被侵蚀，从而产生微孔发达的结构（此过程称为活化），就得到了活性炭。活性炭表面具有无数孔径为 2 ~ 50 nm 的细小孔隙。因此，活性炭具有巨大的表面积，每克活性炭的表面积为 500 ~ 1500 m^2。活性炭的应用几乎都与超大表面积相关。活性炭的大孔、微孔结构使其对大分子、小分子都有很优异的吸附效果（见图 1-13）。

炭黑：导电颜料

炭黑是一种由重油产品（如煤焦油或乙烯裂解焦油）不完全燃烧而形成的材料（见图 1-14）。炭黑的表面积与体积比较大，成本低于活性炭。炭黑被广泛用于柴油氧化实验，也可用作轮胎等橡胶制品的强化填料。在塑料、油漆和油墨中，炭黑被用作颜料。在电池工业中，炭黑也是导电添加剂的首选材料。

焦炭：炼铁功臣

焦炭是通过去除煤中的杂质后，获得的一种以碳为主体成分的碳材料。制备焦炭的过程也称为焦化，指将煤在没有空气的情况下加热软化、液化，然后重新固化成坚硬、多孔、低硫、低磷的块状物。焦炭主要用于冶金工业（见图 1-15）。

焦炭是在焦炭炉中生产的，焦炭炉由多个焦炉组成。煤堆放在成排的焦炉中，经 12 ~ 36 h 的焦化，然后用水或空气淬火，冷却后储存，或直接转移到高炉用于炼铁。在炼铁过程中，需要从炉顶不断装入铁矿石、焦炭和少量助焊剂（如石灰石），并从高炉下部的风口吹进热风。这是因为空气可以促进焦炭燃烧，同时产生热量来熔化铁。

图 1-12　活性炭

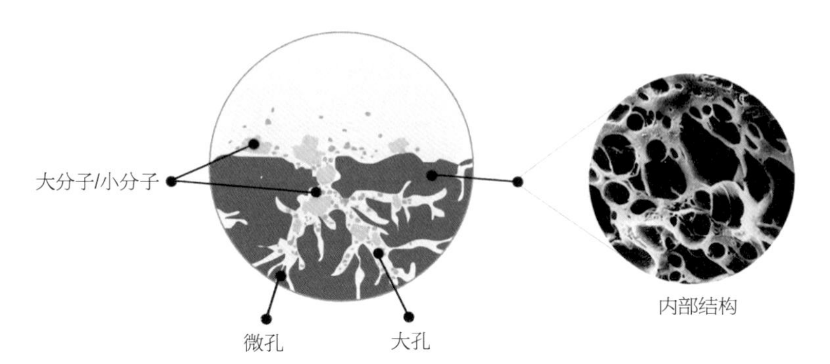

图 1-13　活性炭的分子结构

图 1-14　炭黑

图 1-15　用于冶金的焦炭

炼铁结束后，熔炼铁和熔渣分别从出铁口和出渣口排出。

碳与新兴工业

新兴工业用碳包括等静压石墨、热解石墨、热解炭、碳纤维、膨胀石墨等，主要用于精密加热器、高强度结构、新型电池、核反应堆等工业领域。

等静压石墨：均匀致密

等静压石墨是采用等静压成型技术制备的石墨化碳材料（见图 1-16）。等静压成型技术可对试样进行均匀加压，与普通石墨相比，等静压石墨具有更显著的各向同性，即石墨材料在各个方向上具有均一的物理性质。等静压石墨的原料包括骨料和黏结剂，骨料通常采用石油焦和沥青焦，而黏结剂一般采用煤沥青。20 世纪 50 年代末，美国联合碳化物公司开始研究和从事等静压石墨的制造，随后德国西格里碳素公司于 60 年代中期、日本东洋碳素株式会社于 70 年代先后研制出了等静压石墨。

等静压石墨的制备工艺流程为“磨粉—混捏—二次磨粉—等静压成型—焙烧—浸渍—焙烧—石墨化”。其中，等静压成型是将原料填充到橡胶模具中，密封后再抽真空。这一步骤是根据液体或气体介质中各方向压力均等的原理，将模具放入盛有水或油等液体介质的高压容器中进行压制成型。

为什么要采用等静压成型技术呢？这是因为在传统的模压成型工艺中，无论是单面压制还是双面压制，均受摩擦力的影响，压力传递后会逐渐减小，导致产品的体积密度分布不均匀，为后续的焙烧工艺带来隐患，也导致加工成品部件时产品的性能存在差异。等静压石墨在各个方向上所受压力相同，结构致密、组织均匀，且不受产品尺寸

（图片来源：SIGRAFINE官网）

图 1-16　等静压石墨

的限制，更利于制造大规格产品。

等静压石墨的耐热性和加工性能优异，且力学强度随温度的升高而增大，在 2500 ℃高温时达到最高值。此外，等静压石墨还具有热膨胀系数低、耐腐蚀性强、导热 / 导电性能好、抗热震性优异等特点，主要用于硅炉铸锭用的加热器、核反应堆的中子减速剂及控制棒、优质轻量化电极材料等。

热解石墨：大有作为

将石墨基体置于碳氢化合物气氛中加热至高温（2000 ℃以上），碳氢化合物经过分解及聚合等过程，使碳沉积于基体表面，就得到了热解石墨。1880 年，索耶（Sawyer）等人用碳氢化合物气体在灯丝上首次获得了热解石墨。20 世纪 40 年代末至 50 年代初，布朗（Brown）等人采用直接通电法获得了小片热解石墨。20 世纪 60 年代初，美国制备了大尺寸的异形热解石墨部件并将其应用于宇航技术领域。

加热方式、温度、气氛、压力等工艺条件不同，所得的热解石墨的性能也有很大差异。根据基体加热方式的不同，可将制备方法分为两种：以基体材料为发热体的直接加热法和由发热体对基体材料进行辐射加热的间接加热法。

热解石墨的表面形貌呈瘤泡状结构（见图 1-17）。瘤泡的大小与石墨基体的致密化程度和石墨颗粒的尺寸有关，细颗粒的石墨基体沉积的瘤泡较小。热解石墨在微观上是长条形层状晶体结构。在航空航天领域，基于耐高温、耐腐蚀及高比强度等优点，热解石墨可用于固体火箭发动机喷管喉衬等部件。在原子能工业中，基于良好气密性、高纯度及优异的核性能，热解石墨可用于反应堆燃料的涂层及管道。在电子工业中，基于热学、电学性能的各向异性，热解石墨可用于制备电子管的电极等。

（图片来源：Kurt J. Lesker Company官网）

图 1-17　热解石墨的瘤泡状结构

热解炭：不可或缺

热解炭是气态碳氢化合物在热解过程中发生一系列复杂的化学反应（如热解、缩合、脱氢固化等）后，沉积在热基体表面形成的一种碳材料。热解炭属于过渡态碳，介于无定形碳和晶体碳之间。这类碳兼具了无定形碳和晶体碳的某些特点，表现出乱层石墨结构的特征，在微观上呈现出二维有序而三维无序的特点。

目前，热解炭的制备方法主要包括化学气相沉积（Chemical Vapor Deposition，CVD）法和化学气相渗透（Chemical Vapor Infiltration，CVI）法。CVD 法是指利用气相中发生的物理、化学过程，在固体表面形成沉积物的技术，而 CVI 法是将一种或几种气体化合物经高温分解、化合之后沉积在多孔材料内部而形成致密结构的技术，这两种方法的沉积温度为 800 ~ 2000 ℃，选用的碳源气体主要以碳氢化合物为主，如甲烷、乙烯、乙炔、甲苯等。CVD 法通常以高密度石墨、氮化硼及氧化锆等为基体，而 CVI 法则大多选用多孔基体，常以毡制品等为主。

20 世纪中叶，热解炭开始用作高温气冷反应堆中包覆核燃料颗粒的涂层材料，成功应用于原子能工业领域。经过长期的发展，热解炭也因其独特的性能，逐步应用到航空航天、机械、电子、医学等领域。其中，低温热解炭的弯曲强度高于 27 MPa、弹性模量[①]低、断裂形变大于 2%、热膨胀系数可调，特别适用于涂层材料。此外，热解炭还有很好的耐磨性和化学惰性，可在腐蚀性环境中得到很好的应用。低温各向同性的热解炭由于具有良好的血液相容性等性能，已在医学领域得到了应用，如用于制造人工心脏瓣膜（见图 1-18）。

---

① 弹性模量是指材料在弹性变形范围内，作用于材料的纵向应力与纵向应变之比。常指材料所受应力（如拉伸、压缩、弯曲、扭曲等）与产生的应变之比。

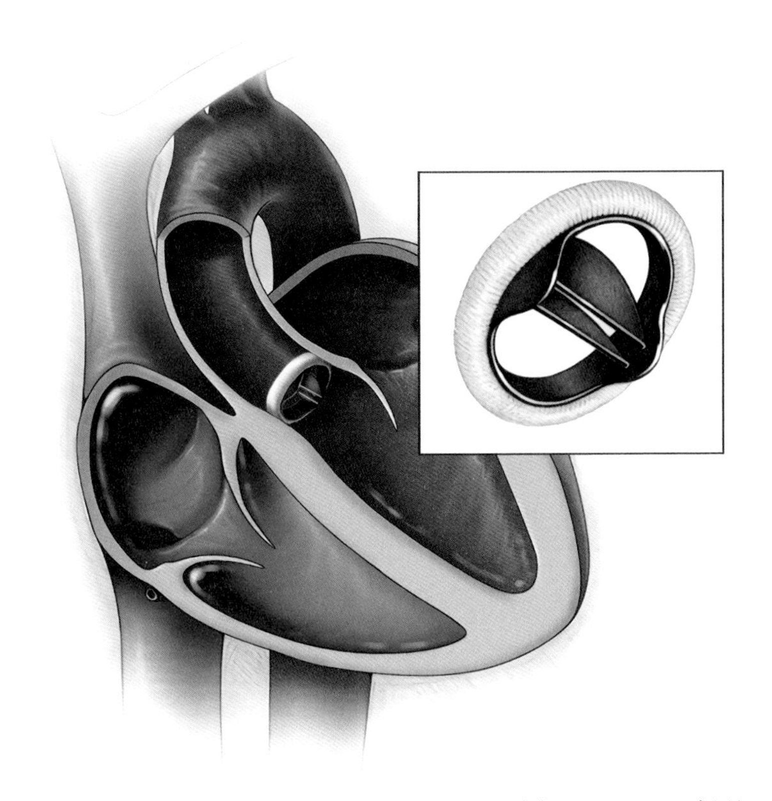

（图片来源：Mayo Clinic官网）

图 1-18　热解炭用于双叶型全热解炭人工心脏瓣膜

碳纤维：轻巧强大

碳纤维是指在惰性气体保护下，将有机纤维在高温（1000 ~ 3000 ℃）下加热，以高温分解和炭化的方式形成的含碳量在 90% 以上的一种无机纤维材料。碳纤维的分子结构介于石墨与金刚石之间，每层原子排列不规则，是一种力学性能优异的无机非金属纤维材料（见图 1-19）。19 世纪末，研究者们在研究烃类热裂解[①]反应时，在催化剂的表面发

① 烃类热裂解是指石油烃类在高温和无催化剂存在的条件下，发生分子分解反应而生成小分子烯烃或（和）炔烃的过程。

（图片来源：SIGRAFIL官网）

图 1-19　碳纤维

现了极细小的纤维状物质。20 世纪 50 年代，日本的研究者用聚丙烯腈（俗称腈纶）纤维制造了碳纤维，并于 1964 年实现了工业化生产。

根据前驱体[①]的不同，碳纤维可分为聚丙烯腈基、沥青基和黏胶基碳纤维。其中，聚丙烯腈基碳纤维的市场份额达 90% 以上，其制备工艺较为复杂：首先，以有机物丙烯腈单体为原料，纯化后共聚合成聚丙烯腈。然后，通过纺丝形成丝型，再经过氧化、预氧化、炭化、二次炭化、上浆表面处理等一系列复杂工艺，最终制备成聚丙烯腈基碳纤维。

碳纤维的显著优点是质量轻、纤度好、抗拉强度[②]高，同时具有一般碳材料的特性，如耐高温、耐摩擦、易导电、易导热、热膨胀系数小等，因此碳纤维广泛用于航空航天、汽车、体育器材、建筑、医疗器械等领域的结构材料中（见图 1-20）。此外，由于具有良好的耐

① 前驱体是获得目标产物前使用的一种原料。

② 抗拉强度即强度极限，是材料在静拉伸条件下的最大承载能力。

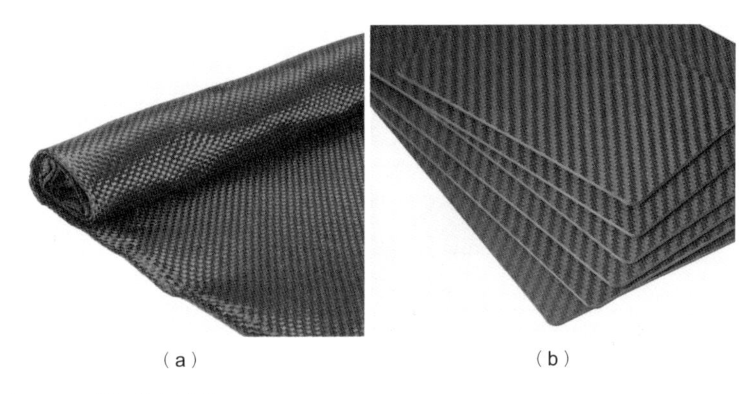

（a）　（b）

图 1-20　碳纤维的应用
（a）碳毡；（b）碳板

高温性能，碳纤维广泛应用于发动机、涡轮等热结构部件。碳纤维在体育器材领域的应用主要集中于高尔夫球杆、滑雪板等体育器材。在汽车领域，碳纤维应用于汽车发动机的推杆、连杆、传动轴等多部件中。除此之外，碳纤维在汽车加速器、底盘悬置件、车门等部件中也有较多应用。

膨胀石墨：海纳百川

膨胀石墨是由天然鳞片石墨制成的疏松多孔的蠕虫状碳材料（见图 1-21）。天然石墨的层与层之间以很弱的范德瓦耳斯力结合，在一定条件下，某些反应物（如酸、碱、卤素）的原子（或分子）进入层间空隙形成层间化合物，膨化后即可得到膨胀石墨。膨胀石墨最先由德国人绍法特（Schaufautl）发现。1841 年，绍法特将天然石墨浸泡在浓硝酸和浓硫酸的混合液中，数小时后取出烘干，发现石墨发生了膨胀现象，这便是最初的膨胀石墨。1963 年，美国联合碳化物公司首先申请了膨胀石墨制造技术专利，并于 1968 年实现工业化生产。

膨胀石墨的制备方法主要有以下 4 种。

（1）化学氧化法：以天然石墨为原料，重铬酸盐、过氧化

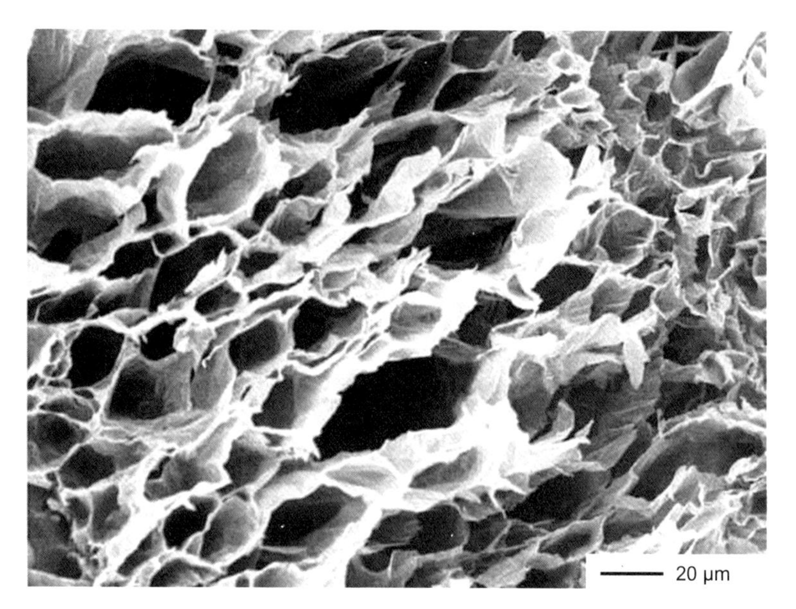

图 1-21　膨胀石墨的横断面

氢、硝酸等为氧化剂，浓硫酸为膨胀剂，经氧化反应后即可制得膨胀石墨。

（2）电化学氧化法：以天然石墨为阳极，铅板或铂板为阴极，浸在硫酸溶液中，在恒定电流下进行电解①。具有极性的硫酸分子和硫酸氢根等阴离子进入石墨层间，经电化学氧化反应后得到膨胀石墨。

（3）气相扩散法：将石墨膨胀剂分别置于真空管的两端，加热膨胀剂，利用温差产生的反应压差制得膨胀石墨。

（4）爆炸法：以高氯酸、水合高氯酸镁、水合硝酸锌为膨胀剂，加热时产生氧化相和插层②物，从而发生“爆炸”膨化而制得膨胀

① 电解是将电流通过电解质溶液或熔融态电解质，在阴极和阳极引起氧化还原反应的过程。

② 由于分子间作用力较弱，在一定条件下，一些极性分子可以通过吸附、插入、夹入、悬挂、柱撑、嵌入等方式破坏分子间力，进入层状化合物的层间而不破坏其层状结构，这一过程称为插层。

石墨。

膨胀石墨的晶体结构与天然石墨相近，由六方和菱方晶系结构组成。在膨胀石墨的制备过程中，利用物理或化学方法使非碳质反应物插入石墨层间，不仅能保持石墨材料优异的物理化学性能，且由于插层物质与石墨层状结构间存在相互作用，因而呈现出原有石墨及插层物质所不具备的新性能。膨胀石墨具有柔软、轻质、多孔、吸附性强等特点，且孔隙多为大中孔，极易吸附大分子物质；抗氧化、耐腐蚀性好，能耐受除王水、浓硝酸等少数强氧化剂外的大部分化学介质的腐蚀；耐辐射性好，可承受中子射线、β 射线、γ 射线等长期辐照而不分解、老化；导热性及导电性好、自润滑性好。膨胀石墨主要用于吸附油污、工业废气、汽车尾气等污染物，可作为优质电极材料、高效密封材料等。

碳与未来

纳米科技的飞速发展与新型碳材料的发现密不可分。近年来，富勒烯、碳纳米管、石墨烯、石墨炔等碳家族新成员不断涌现，刷新人们对碳材料的认识。蓬勃发展的碳材料在电子信息、生物医药、人工智能、宇宙探索等新兴领域展现出越来越大的应用潜力。

富勒烯：小球推动大球

1985 年，英国化学家哈罗德·克罗托（Harold Kroto）和美国化学家理查德·斯莫利（Richard Smalley）采用大功率激光束轰击石墨使其气化，释放出的碳原子迅速冷却后形成了一种全新的碳原子排列形态——富勒烯。富勒烯是一种零维碳材料，分子结构高度对称，呈球状结构。其中，最常见且最重要的富勒烯是 C_{60}。一个 C_{60} 分子包含 60 个碳原子，是一个球形的 32 面体，包含 12 个五边形面和 20 个六边形面，与足球结构类似，因此也称为“足球烯”（见图 1-22）。由 C_{60} 分子构成的晶体在常温下呈紫红色，具有完美的对称结构和良好的稳定性。

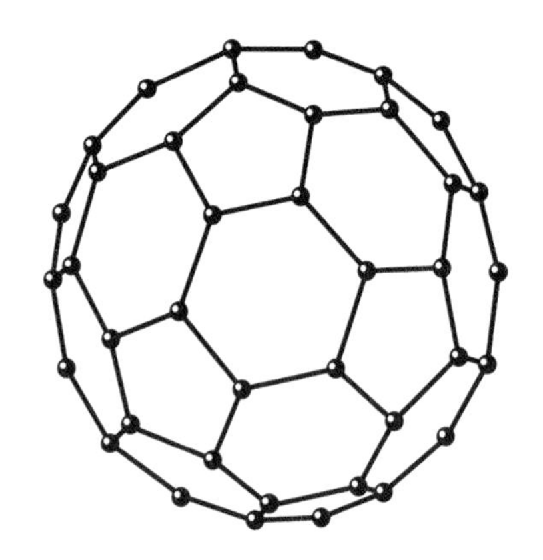

图 1-22 C_{60} 的分子结构

C_{60} 的制备方法主要有以下 4 种。

（1）电弧放电法：将两根石墨电极靠近进行电弧[①]放电，碳原子蒸发并沉积在反应器的内壁上形成 C_{60}。

（2）激光蒸发法：用激光轰击石墨表面产生碳原子团簇，碳原子团簇在一定的氦气流带动下团聚，经气相沉积后形成含 C_{60} 等富勒烯分子的混合物。

（3）电阻加热法：以石墨为电阻，通电后发热，将石墨蒸发，得到 C_{60} 等富勒烯。该方法受限于石墨电极的尺寸，不适合规模化生产。

（4）苯火焰燃烧法：在氩气和氧气的混合气氛中，苯发生不完全燃烧，得到 C_{60}/C_{70} 分子的混合物，分离后可得到 C_{60}。

① 电弧是一种气体放电现象，电流通过某些绝缘介质（例如空气）产生瞬间火花。

C_{60} 的结构和性能特点使其具有广泛的用途，如碱金属与 C_{60} 结合形成“离子型”化合物，表现出一定的超导性能。当 C_{60} 与聚合物结合时，可形成具有电学活性和光学活性的聚合物。

碳纳米管：一“管”行天下

碳纳米管是典型的一维纳米材料，可以看作由碳的六边形层片绕中心轴按一定的螺旋角卷曲而形成的管状物。1991 年，日本电气公司的电子显微镜专家饭岛澄男（Sumio Iijima）在观察电弧放电法制备的富勒烯产物时，意外发现了管状的同轴纳米管，即碳纳米管。根据微观结构的不同，碳纳米管可分为扶手椅型、手性型和锯齿型 3 种（见图 1−23）；根据管壁层数的不同，可分为单壁碳纳米管、双壁碳纳米管和多壁碳纳米管（见图 1−24）。碳纳米管的碳原子的最外层电子以 sp^2 杂化[①] 为主，弯曲的管状结构形成一定的 sp^3 杂化，因而同时具有 sp^2 和 sp^3 混合杂化状态。

---

① sp、sp^2、sp^3 杂化

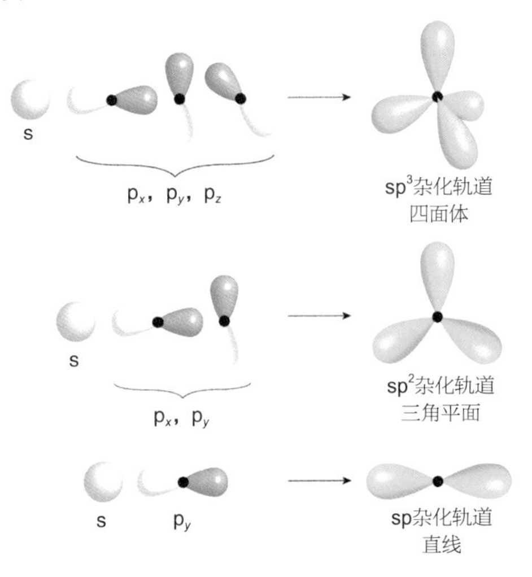

杂化是原子形成分子的过程中，电子轨道重新组合的过程。

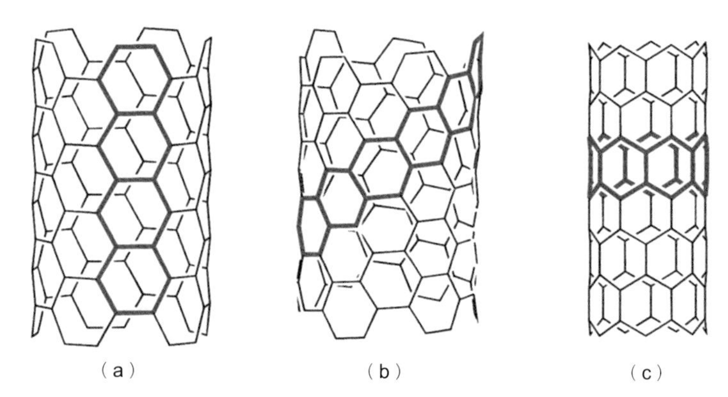

图 1-23　不同类型的碳纳米管
（a）扶手椅型；（b）手性型；（c）锯齿型

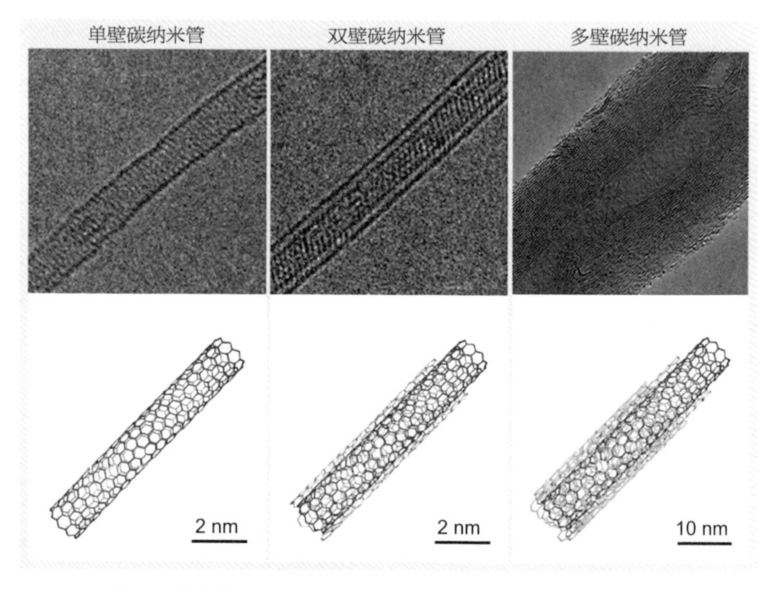

图 1-24　单壁碳纳米管、双壁碳纳米管和多壁碳纳米管

碳纳米管的制备方法主要有以下 3 种。

（1）电弧放电法：与制备 C_{60} 类似，在石墨电极间进行气体放电，使固态碳源蒸发，在催化剂的作用下进行重排，从而得到碳纳米管。

（2）激光烧蚀法：在一定温度下用激光照射含有催化剂的石墨靶，形成的气态碳和催化剂颗粒被气流从高温区带向低温区，进而生长成碳纳米管。

（3）CVD 法：以过渡金属或其化合物作为催化剂，在保护气氛[①]和还原气氛[②]中，将碳氢化合物高温分解成碳原子，之后在催化剂颗粒上生长出碳纳米管。

从力学性能上看，碳纳米管的碳原子间以较强的共价键结合，因此具有很高的轴向抗拉强度、弹性模量及很强的韧性。实验结果表明，碳纳米管的抗拉强度和弹性模量分别为 100 GPa 和 1 TPa 左右。从电学性能上看，碳纳米管的导电性介于导体和半导体之间，约有 1/3 是金属导电性的，2/3 是半导体性的。单壁碳纳米管的导电能力高达 1×10^9 A · cm^{-2}，是铜导线的 1000 倍。从光学性能上看，碳纳米管具有光致发光效应，即在激光辐照下会产生发光现象。

碳纳米管优异的电学性能使其可用于场效应晶体管、大规模集成电路等领域。同时，高强度特性使其可作为复合材料的增强材料，也可应用于储能器件电极材料和半导体器件等领域。

石墨烯：碳的六边形

石墨烯是由碳原子排列而成的六边形“蜂窝”状晶格结构，是一种新型二维碳材料，也是世界上发现的首个二维材料（见图 1-25）。2004 年，曼彻斯特大学的两位物理学家通过胶带反复剥离石墨片，最终获得了稳定存在的单层石墨烯。这一发现不仅丰富了碳材料家族，同时打开了探索二维材料世界的大门。

与富勒烯和碳纳米管不同，石墨烯中的碳原子以完美的 sp^2 杂化

① 保护气氛指具有防蚀组分（如惰性气体）的气体环境。
② 还原气氛指具有还原性气体的气体环境。

图 1-25　石墨烯的结构

（图片来源：Chad Hagen）

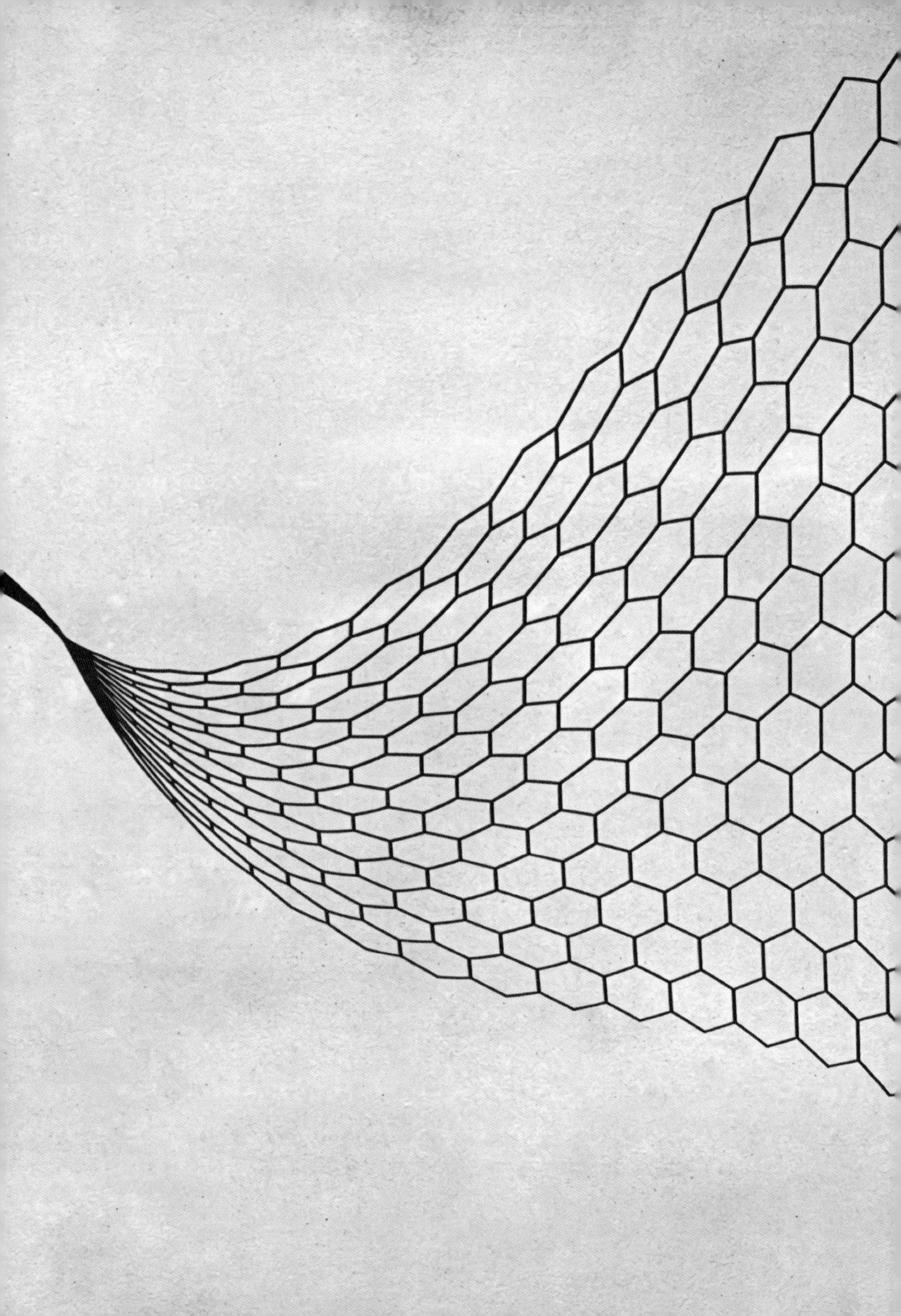

结合。得益于其独特的原子和电子结构，石墨烯在很多方面展示出了前所未有的性能，如超高的力学强度、透光率、电导率和热导率等。这些优异性能使石墨烯在通信、能源、环保、航空航天等领域表现出巨大的使用价值和应用潜力。

石墨烯的制备方法主要包括机械剥离法、电化学剥离法、氧化还原法、CVD 法、外延生长法和湿化学合成法等。上述方法可以大致分为两类，即“自上而下”法和“自下而上”法。“自上而下”法是指以石墨为原材料，直接从石墨中剥离出石墨烯；而“自下而上”法通常是指以含碳的有机分子（如甲烷、乙烯）为原材料，通过裂解释放出碳原子，碳原子经重新组合生长而获得石墨烯。不同方法制备出的石墨烯具有不同的结构特征（如尺寸、缺陷、层数），从而展现出不同的物理化学特性。第 3 章将详细介绍。

石墨炔：千变万化

石墨炔是继富勒烯、碳纳米管、石墨烯之后的另一种新型碳纳米材料，其结构可以看作由六边形碳环（sp^2 杂化）通过炔键（sp 杂化）连接构成的二维平面结构（见图 1-26）。简单来说，石墨炔是在石墨烯结构中的相邻苯环之间插入 n 个“−C≡C−”连接而形成的二维原子晶体结构。根据插入的“−C≡C−”数目 n 进行分类，分为石墨炔、石墨双炔、石墨 n 炔。2010 年，中国科学院化学研究所的李玉良等人以六炔基苯为原料，在铜箔上进行偶联反应①，合成了大面积单层石墨炔薄膜。石墨炔优异的性能吸引了研究人员的广泛关注。

石墨炔是首个以 sp、sp^2 两种杂化方式构成的二维碳材料，这种混合

① 偶联反应也称偶合反应，是指由两个有机化学单位进行某种化学反应得到一个有机分子的过程。

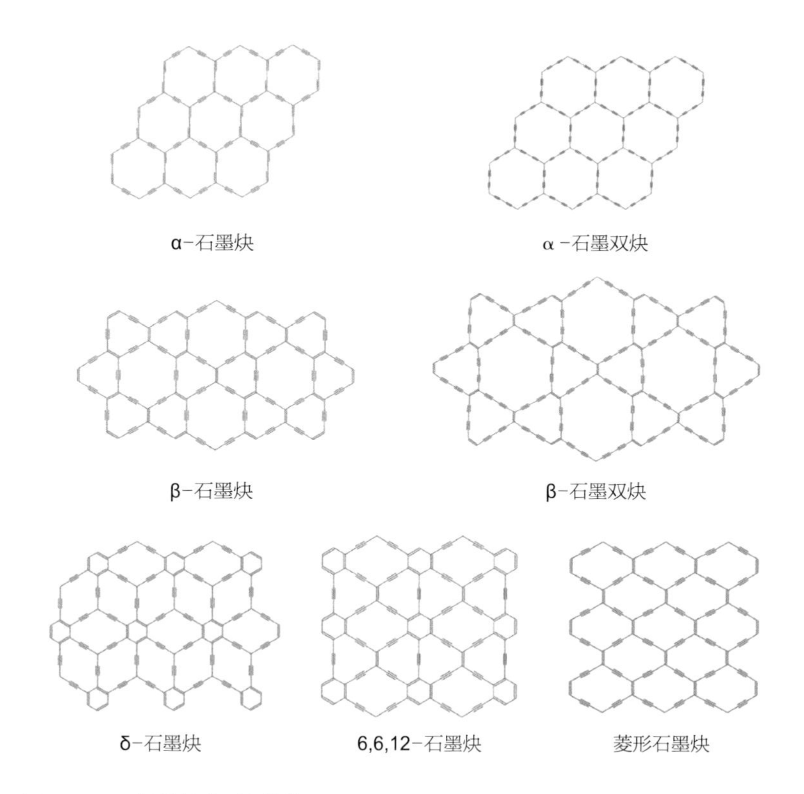

图 1-26　石墨炔的类型和结构

杂化结构使其展现出某些与众不同的物理化学性能，如高电子迁移率[①]（$1\times10^5\,cm^2\cdot V^{-1}\cdot s^{-1}$，25 ℃）、低热导率（$18\sim82\,W\cdot m^{-1}\cdot K^{-1}$）、特殊的能带结构和光吸收性能等。这些特殊的性能使得石墨炔在气体分离提纯、光电催化、能源存储和特种传感器等领域具有广阔的应用前景。

根据合成条件是否有溶剂参与，石墨炔的制备方法可分为干化学法和湿化学法。干化学法主要包括 CVD 法和爆炸耦合法，此类方法通过在高温下将六炔基苯单体耦合，在特定基底上获得尺寸或形态不

① 电子迁移率是指单位外电场下，电子的定向漂移速度。

同的石墨炔。湿化学法主要包括铜表面介导[1]合成法和界面辅助合成法。与干化学法相比，湿化学法通过在有机溶剂或两相界面处偶联六炔基苯单体，更容易获得大面积的石墨炔薄膜。

① 介导是指以某种物质为媒介。

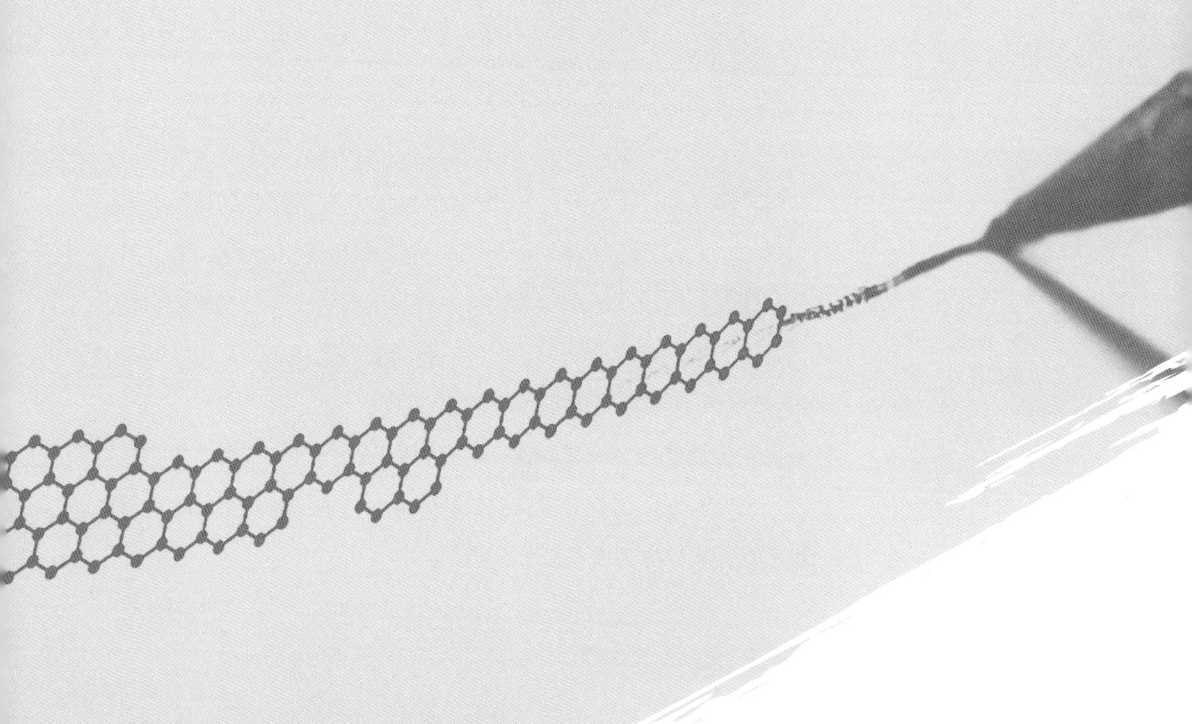

第 2 章　偶遇

从不可能到可能

碳元素是地球上已知生命的基础元素。石墨烯作为碳材料家族中的传奇之一，已历经十余年的研究热潮。石墨烯中的碳原子以 sp^2 杂化相互连接，形成“蜂窝”状的二维单原子层结构。石墨烯具有超高的热导率、极高的弹性模量、超快的载流子[①]迁移率以及巨大的比表面积，此外，石墨烯还具有很好的柔性和透光性。石墨烯的优异性能使其逐渐发展成为多个领域的“明星材料”。然而，石墨烯最初却被认为不可能存在，这背后的原因是什么呢？从不可能到可能，是怎样一段历程？本章将讲述石墨烯的发现史。

石墨和氧化石墨

在了解石墨烯如何被发现之前，先回顾一下石墨的发现史。石墨在日常生活中十分常见（见图 2-1）。

如第 1 章所述，铅笔中的“铅”就是石墨，而非金属铅。关于“铅笔”一词的起源，有一种说法是古罗马人使用铅金属棒在纸上写下轻而可读的痕迹，随即将其作为早期的书写工具。16 世纪 60 年代，人们在英格兰的博罗代尔发现了大型的石墨矿床，并意识到这种矿物可以在纸上留下更深的痕迹。由于这种矿物质地柔软，在书写过程中需要外部支撑，人们便将其插入空心木棒中，这就是最初的铅笔（见图 2-2）。

① 电子以及电子流失留下的空位（空穴）均被视为载流子。

图2-1　石墨

（图片来源：PENCIL REVOLUTION官网，文章标题：Evolution of the Pencil）

图2-2　石墨铅笔

在铅笔被发明的时代，化学这门科学仍处于早期发展阶段，人们并不知道这种材料具体是什么。由于石墨具有金属光泽，并且可以像铅一样在纸上留下痕迹，人们便将其称为“黑铅”。1779年，德国化学家卡尔·舍勒（Carl Scheele）经分析才发现原来“黑铅”是由碳元素构成的。大约十年后，德国化学家和地质学家亚伯拉罕·维尔纳（Abraham Werner）正式将这种“黑铅”命名为“graphite”（希腊文“graphein”），即“石墨”。

1859 年，牛津大学的化学家本杰明·布罗迪（Benjamin Brodie）用氯酸钾和浓硝酸的混合溶液处理石墨，得到了黄色的固体，并将其称为“氧化石墨”。氧化石墨仍保持石墨的层状结构，但相邻两层的层间距显著增大。如图 2-3 所示，氧化石墨中含有大量亲水性含氧官能团，因此可均匀分散在水中。

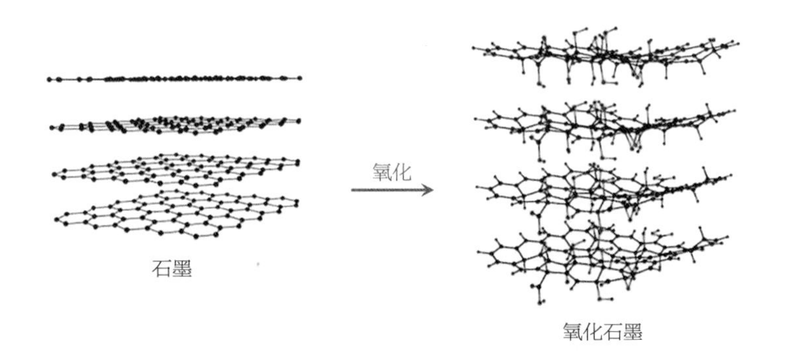

图 2-3　氧化石墨的结构

氧化石墨是一种非化学计量比的物质，即碳、氧、氢 3 种元素的含量并非固定值，含氧官能团的种类和分布也与制备方法相关。1928 年，乌尔里希·霍夫曼（Ulrich Hofmann）等人首次采用 X 射线衍射仪分析了氧化石墨的层状结构。此后，随着更多的光谱和能谱技术被用于氧化石墨的分析，该结构模型也经历了数次修正。

从多层到单层，理论上不可能？

石墨是三维层状结构，每一层内的原子之间的结合力很强，层与层之间的结合力却很弱。基于此，是否可以从石墨的表面分离出一层，得到二维材料呢？对于这个猜想，许多研究者认为很难实现。部分研究者提出，在非绝对零度的条件下，任何一个体系在微观上（如二维材料）都不同于其宏观上（如三维材料）的平衡状态，且相比平衡状态会发生随机的偏差。温度越高，这种偏差越明显。正因如此，长期以来人们一直认为二维材料的原子排列是不稳定的，热涨落产生的力与原子之间的结合力强度相当。因此，二维材料在常温常压下会迅速分解（见图 2-4）。

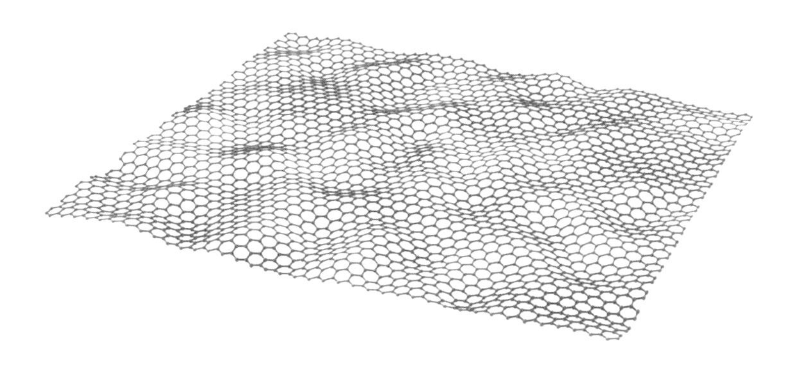

图 2-4 室温下二维材料的热涨落示意

1947年，菲利普·华莱士（Philip Wallace）等人在对石墨的电子特性进行理论研究的过程中，提出了单层石墨的概念。当时，他们将从石墨上剥离出的单层命名为“Single Hexagonal Layer”，即“单层六边形结构”。但在随后的很长一段时间内，人们对单层石墨的研究一直停留在理论层面。1956年，J. W. 麦克卢尔（J. W. McClure）等人推导出单层石墨的波函数方程。1984年，戈登·谢苗诺夫（Gordon Semenoff）得出了与该波函数方程类似的狄拉克（Dirac）方程。在此期间，对单层石墨是否存在也曾出现过很多争议。1960年，诺贝尔化学奖、和平奖双料得主莱纳斯·鲍林（Linus Pauling）曾质疑过单层石墨的导电性。1966年，大卫·默明（David Mermin）和赫伯特·瓦格纳（Herbert Wagner）等人指出表面起伏会破坏二维材料的长程有序，即整体性的有序现象。此外，还有很多权威研究者都认为单层石墨是不可能存在的。

从多层到单层，实验上逐步实现

尽管有关二维晶体稳定性的理论研究普遍认为长程有序的结构无法以二维的形态稳定存在，薄膜的制备实验结果也佐证了热扰动会导致二维晶体在一定温度下熔化，但是关于单层石墨的实验研究并没有因此完全停滞。从三维石墨到二维单层石墨的制备是逐步实现的。1924 年，约翰·伯纳尔（John Bernal）发现片层结构的石墨。1948 年，吉列尔莫·吕斯（Guillermo Ruess）等人拍摄到了少层石墨的微观图像（见图 2-5），这是关于单层石墨研究的里程碑式的进展。

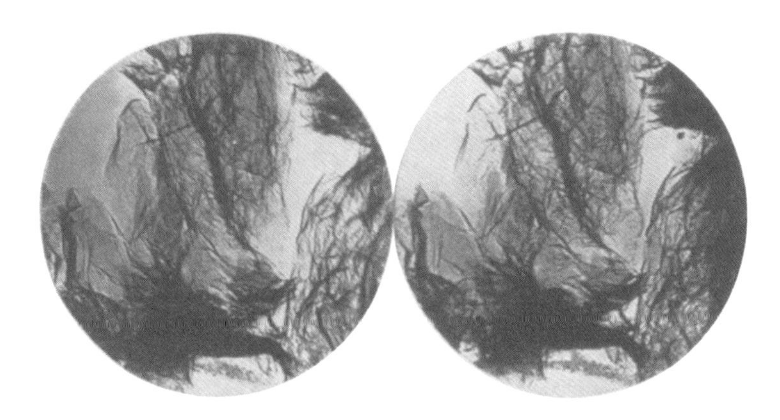

图 2-5　少层石墨的微观图像

1961 年，汉斯·伯姆（Hanns Boehm）等人用氯酸钾、高锰酸钾等氧化剂处理石墨，随后用水合肼（$N_2H_4 \cdot H_2O$）等还原剂对其进行还原，得到了碳薄膜。图 2-6 是所得样品的微观图像，碳薄膜的厚度从 0.3 nm 到 0.63 nm 不等，平均厚度为 0.46 nm，该值与单层石墨的厚度非常接近。伯姆随即发文报道了这项研究成果，认为所得产物就是

图 2-6 伯姆等人制备的碳薄膜的微观图像

单层石墨，但可能因为该论文是用德文撰写的，这项工作在当时并未引起人们的重视。实际上，当时的学术界对单层石墨并没有统一的命名。直到 1987 年，“graphene”（石墨烯）一词首次被用于指代单层石墨，并沿用下来成为现今单层石墨的统一称谓。

另一种制备石墨烯的思路是借助外力将其从石墨的三维结构中直接剥离下来，即采用机械剥离法。1999 年，华盛顿大学的罗德尼·劳夫（Rodney Ruoff）等人提出用这一思路来获得薄层石墨。他们以高定向热解石墨为原材料，用氧等离子体[1]刻蚀[2]其表面，得到小尺寸的“石墨岛”（见图 2-7），然后用纳米探针进行精确操控，剥离出石墨薄片。

① 气体被电离（即原子、分子形成离子）后，成为电子和离子的混合物，即为等离子体。

② 广义上，刻蚀是指通过溶液、反应离子或其他方式来剥离、去除材料的统称，是微加工制造的普适叫法。由于等离子体放电可以产生具有化学活性的物质，所以等离子体刻蚀被广泛用于改变材料的表面特性。

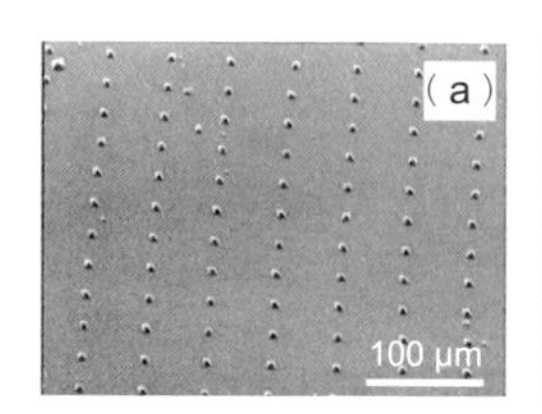

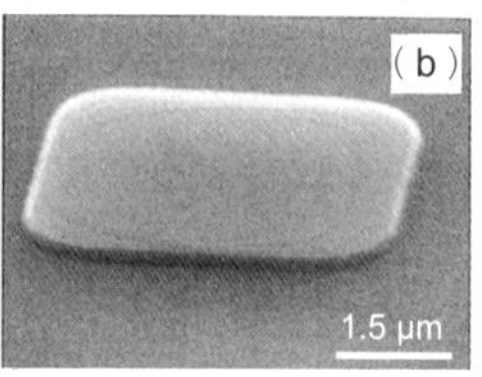

图 2-7 “石墨岛”的微观图像

采用类似的思路，曼彻斯特大学的安德烈 · 海姆（Andre Geim）和康斯坦丁 · 诺沃肖洛夫（Konstantin Novoselov）在 2004 年用胶带法得到了单层石墨烯（见图 2-8）。他们将胶带粘在石墨表面，撕下来时发现胶带上粘上了石墨片。随后，他们用第二片胶带去粘第一片胶带上残留的石墨片，再把两片胶带撕开，发现残留的石墨片变薄了。他们又拿第三片胶带粘第二片胶带上的石墨，再用第四片胶带粘第三片胶带……最终得到了厚度不能再薄的石墨片，即单原子层厚的石墨烯。海姆和诺沃肖洛夫也因此获得了 2010 年的诺贝尔物理学奖（见图 2-9）。这其中的奥秘将在第 3 章中详细阐述。

图 2-8 胶带粘贴法制备石墨烯的原材料及工具

（图片来源：Nobel Prize官网）

图 2-9　2010 年诺贝尔物理学奖的颁奖现场
（★注：左图为海姆，右图为诺沃肖洛夫）

石墨烯的发现打破了人们关于室温下二维材料稳定性的传统认识。随后，研究者们对该现象进行了深入研究，目前普遍认为石墨烯的稳定性得益于其碳原子排列时在面内和面外的微扰动。或者可以认为，石墨烯并不是理想的二维平面结构，而是如同“海面上的波浪”呈波纹状。

图 2-10 回顾了石墨烯的发现历程，可以看出，石墨烯的发现是众多研究者们共同努力的结果。基于前人的研究和报道，后续的研究不断揭示石墨烯的新特性，人们对这种神奇的新材料有了越来越深入的认识。1mm 厚的石墨约包含 300 万层石墨烯，用铅笔在纸上书写，留下的笔迹中可能就存在极薄的石墨片，甚至其中还包含单层石墨，即石墨烯（见图 2-11）。

事实上，石墨烯的发现具有更深远的意义。在石墨烯被真正剥离出来之前，大多数物理学家都认为室温下单原子层的材料是不可能存在的，石墨烯的发现给凝聚体物理学界带来了极大的震撼。很多独特

图 2-10 石墨烯的发现历程

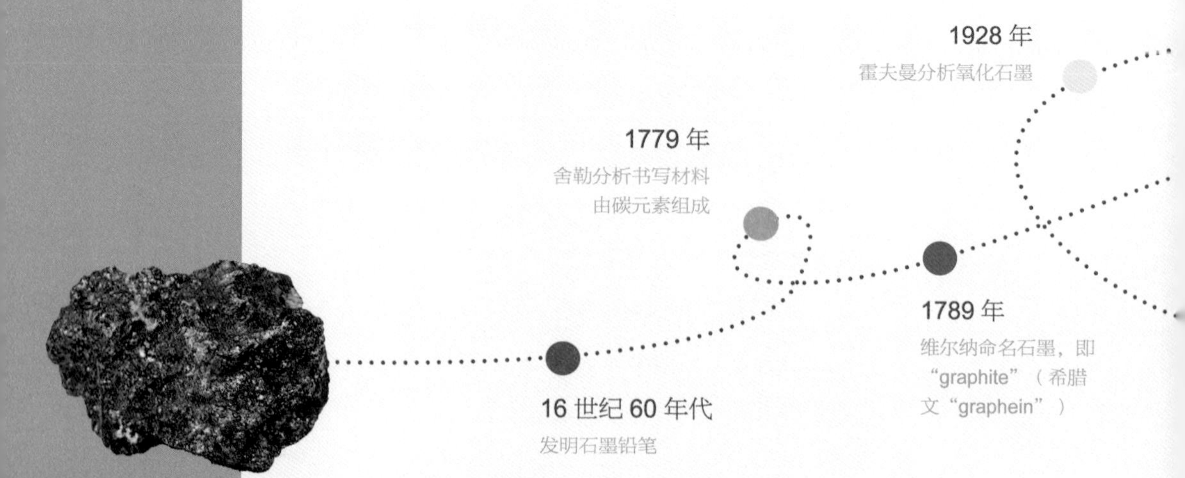

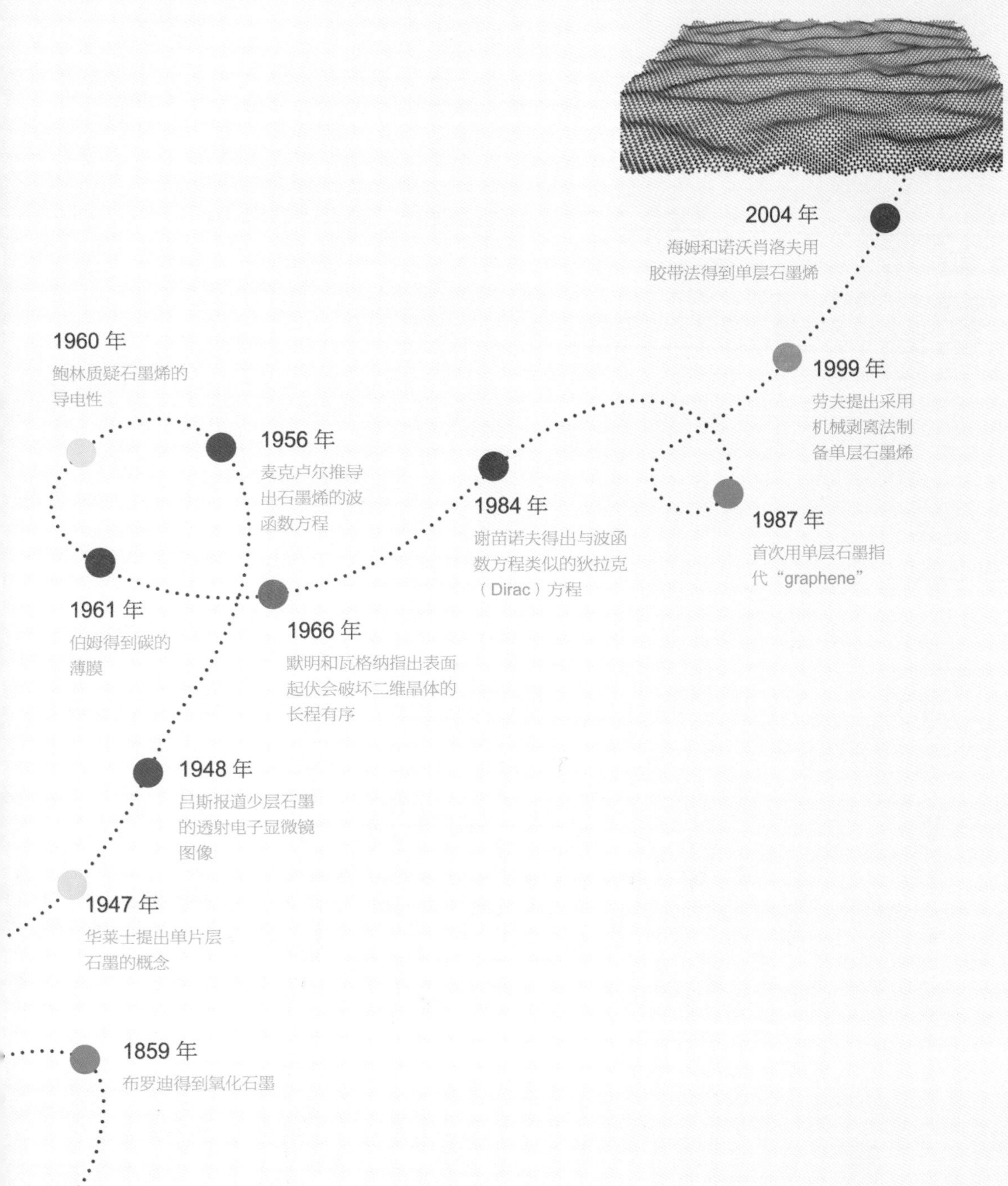

1859 年

布罗迪得到氧化石墨

1924 年

伯纳尔发现片层结构的石墨

图 2-11 铅笔在纸上书写留下的笔迹中可能存在石墨烯

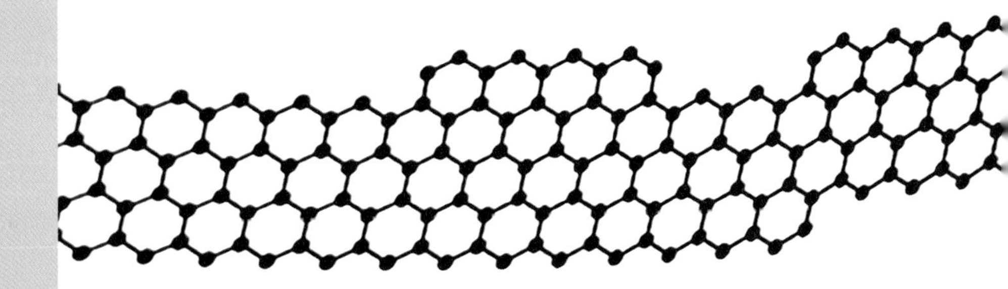

的物理现象（如反常量子霍尔效应、超高的载流子迁移率甚至超导等）相继在石墨烯中被观察到。由于石墨烯结构独特、性能特殊，除了学术界对石墨烯表现出极大的兴趣，IBM、三星、富士通、华为等大型企业也在2010年前后开始启动石墨烯的相关研究。此后，关于石墨烯的研究报道呈井喷式增长，同时也引发了研究其他二维材料的热潮。

第3章　成长

开启未来——积累、上升

认识神秘的石墨烯

材料的性能取决于其结构。既然石墨烯具有和石墨一样的“碳六边形”结构，它所拥有的众多独特的性能又源自哪里呢?

高度：一个原子厚的世界

在很长一段时间内，甚至现在，“石墨烯”具体指代什么还常常被混淆。严格来说，“石墨烯”一词专指“单层石墨”。但从广义上来说，尤其在工业应用中，一般将层数小于10层的薄层石墨也统称为石墨烯。

石墨层片的堆垛方式主要有3种：AA型、AB型和ABC型（见图3-1）。因此，已知层间距为0.34 nm，就可以根据多层石墨烯的层数来计算其厚度。这里有一个小问题：如果将单层石墨烯逐层堆叠起来，会变回石墨吗？答案是否定的，或者说这种情况发生的可能性很小，因为堆叠时各层石墨烯之间很难严格满足以上堆垛方式。

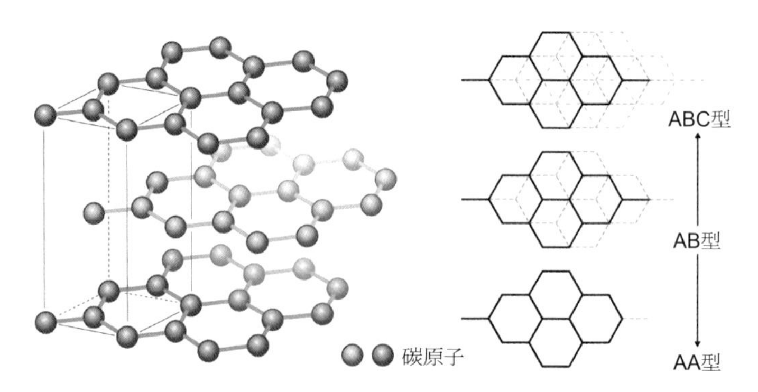

图3-1　常见的石墨层片的堆垛方式

早在 2004 年石墨烯被发现之前，薄层石墨就已经获得了广泛应用，但人们并未真正认识到石墨被减薄之后的重要性。随着纳米材料与技术的发展，材料层数（或厚度）对性能的影响才逐渐显现出来。

长宽：一层六边形的魅力

下面再来看看石墨烯的独特结构。石墨烯中的碳原子通过 sp^2 杂化形成“蜂窝”状二维晶体结构（见图 3-2）。石墨烯晶格[①]是典型的六边形结构，每个碳原子与相邻的 3 个碳原子形成 σ 键（碳－碳键长为 0.142 nm），在垂直于晶面方向上形成 π 键。

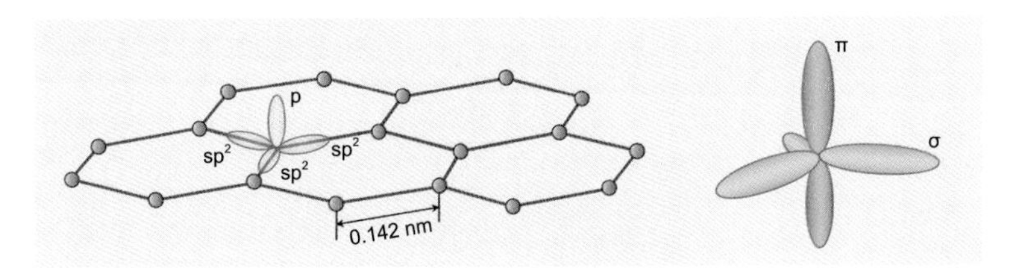

图 3-2　石墨烯中碳六边形结构及碳原子的成键方式

石墨烯还会以纳米条带的形式存在，条带的宽度会影响其导电性。根据边缘碳原子环结构的不同，石墨烯纳米条带分为锯齿型和扶手椅型（见图 3-3）。早在 1996 年，理论就已经预测，锯齿型纳米条带呈金属性，而扶手椅型纳米条带呈金属性或半导体性。

在原子尺度，单原子层的石墨烯并不是完美的二维平面结构，表面有很多褶皱和起伏。石墨烯通过这些褶皱和起伏来维持自身的结构稳定性，波动振幅约为 1 nm。纳米尺度的褶皱和起伏所产生的应力，会使碳六边形发生一定的形变，从而影响石墨烯的电学性能。

① 晶体内部原子是按一定规律排列的。为了便于理解，可以将原子简化为一个点，用假想的线将这些点连接起来，构成有规律性的空间格架。这种表示原子在晶体中排列规律的空间格架叫作晶格。

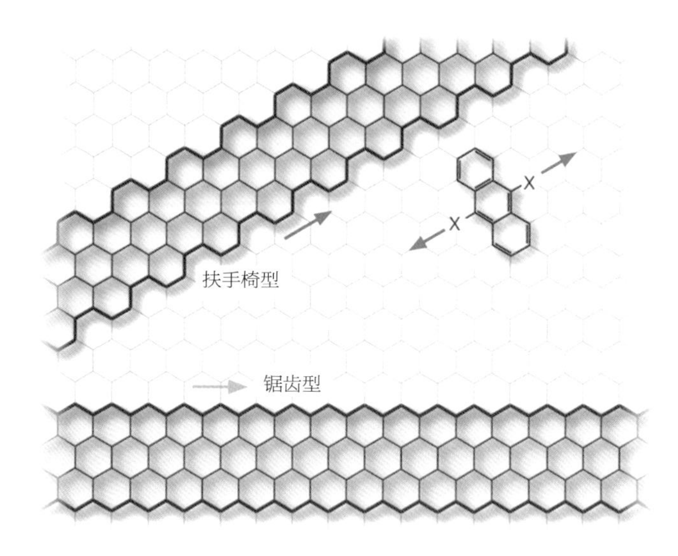

图 3-3　石墨烯纳米条带

此外，石墨烯还会进一步形成卷曲、折叠、缺陷、多孔等复杂结构，进而形成纤维、薄膜、凝胶等宏观体。关于石墨烯宏观体的制备和应用，将在第 4 章详细介绍。

观察微观的石墨烯

对石墨烯的认识得益于合适的检测方法。利用这些检测方法，研究者们可以更好地获得石墨烯的形貌、结构、性能等信息，将石墨烯的微观特性与宏观特性联系起来，为后续的应用奠定基础。

观：显微镜下的神秘处

显微学的发展促进了人们对微观世界的探索，随着科学技术的发展，显微镜成为极其重要的科学仪器，广泛用于生物、化学、物理、材料等领域。同样，对石墨烯的探索也离不开显微镜的帮助，如光学显微镜、扫描电子显微镜（Scanning Electron Microscope，SEM）、透射电子显微镜（Transmission Electron Microscope，TEM）、低能电子显微镜（Low-Energy Electron Microscope，LEEM）、原子力显微镜（Atomic Force Microscope，AFM）、扫描隧道显微镜（Scanning Tunneling Microscope，STM）等，这些仪器可以在不同尺度下观测石墨烯的形貌和结构。

光学显微镜是实验室中最常用、最基础的仪器，可以对石墨烯层片的尺寸、石墨烯薄膜的连续性，甚至厚度等进行初步判断。通常使用具有一定氧化层厚度的硅片作为观察石墨烯的基底，选择白光为光源。如图 3-4 所示，石墨烯在硅基底上呈现出非常高的对比度，可以被清晰地观察到。以铜为基底时，当铜基底未被完全覆盖时，通过加热或紫外曝光处理来氧化暴露的铜，可以将石墨烯与铜基底区分开来，从而清晰地观察到单个石墨烯晶畴[①]的形状与尺寸，以及石墨烯薄膜中的孔洞和晶界[②]缺陷等。但是，如图 3-5 所示，受可见光波长的限制，光学显微镜的放大倍数有限，一般实验室常用的光学显微镜

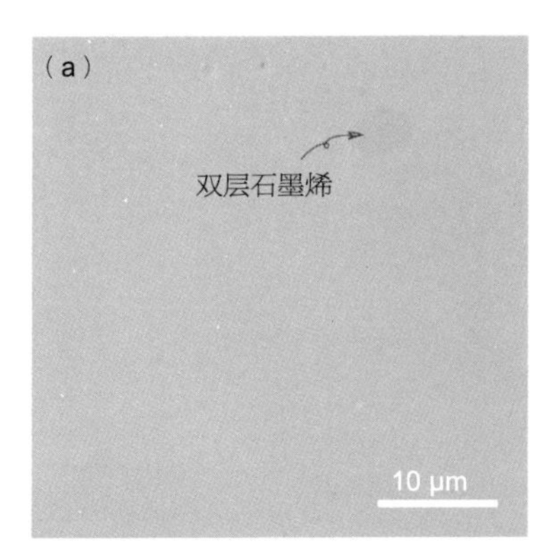

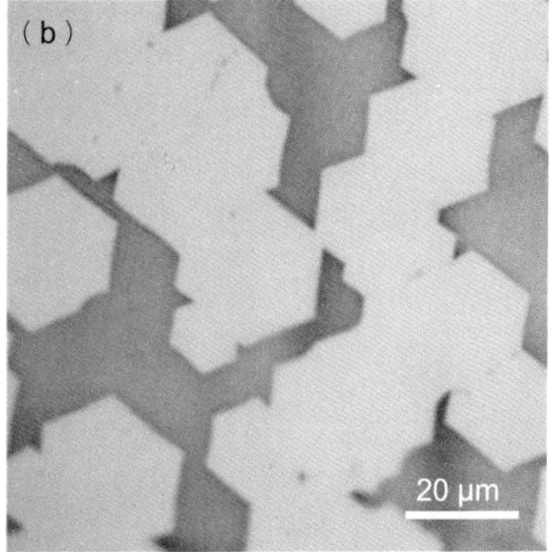

图 3-4　石墨烯的光学显微镜图像
（a）二氧化硅 / 硅基底；（b）铜基底

① 晶畴是指晶体中化学组成和晶体结构相同的各个区域。
② 晶界是结构相同而取向不同的晶粒之间的界面。晶粒指组成多晶体的外形不规则的小晶体。

图 3-5　光学暗场下的石墨烯晶畴

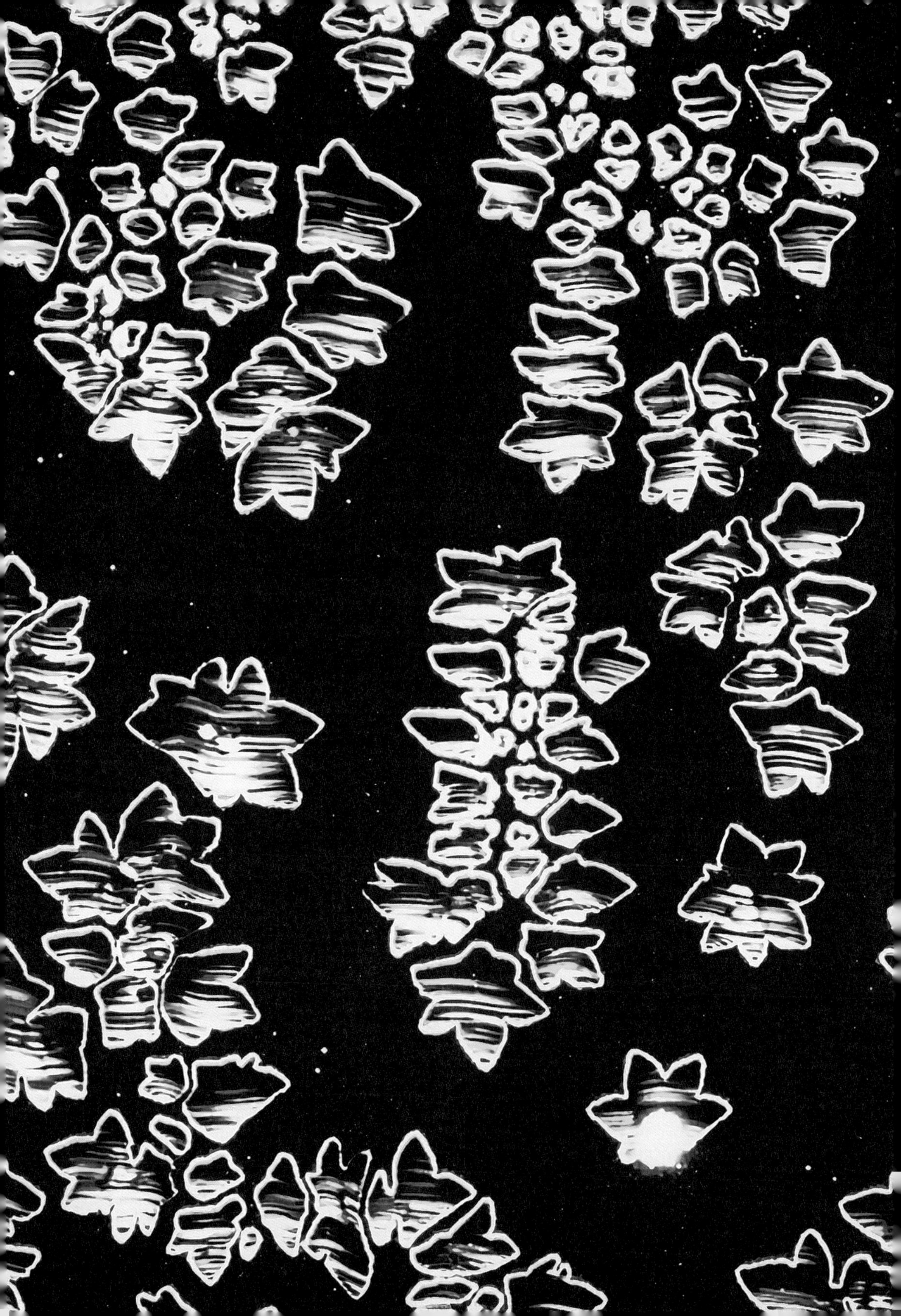

的放大倍数为 1000 倍。要对石墨烯的结构进行更精细的观察，则需要更精密的仪器。有趣的是，在光学暗场下可以明显区分铜基底和石墨烯晶畴。这是因为在光学暗场下，石墨烯晶畴的边缘是亮的而铜基底是黑色的，晶畴就像夜空中闪亮的“小星星”。

SEM、TEM 和 LEEM 等均可归为电子显微技术，因为它们都是利用电子束作为“光源”。与光学显微镜采用的可见光不同，电子束可看作“更细”的光束，能识别更微小的结构。电子显微技术具有高分辨率、高放大倍率等特性，可以实现对石墨烯纳米级别甚至原子尺度的观察。

使用 SEM 能够清晰地观察石墨烯的褶皱、层数等结构特征[见图 3-6（a）]。有些 SEM 还配有用于元素分析的能量色散 X 射线谱（X-ray Energy Dispersive Spectrum，EDS）和电子背散射衍射（Electron Backscattering Diffraction，EBSD）检测器，用于研究金属基底对石墨烯制备的影响。TEM 和 LEEM 能够看到石墨烯原子级别的结构，用于研究石墨烯的晶格、取向、边界、层数、缺陷等结构特征[见图 3-6（b）]。

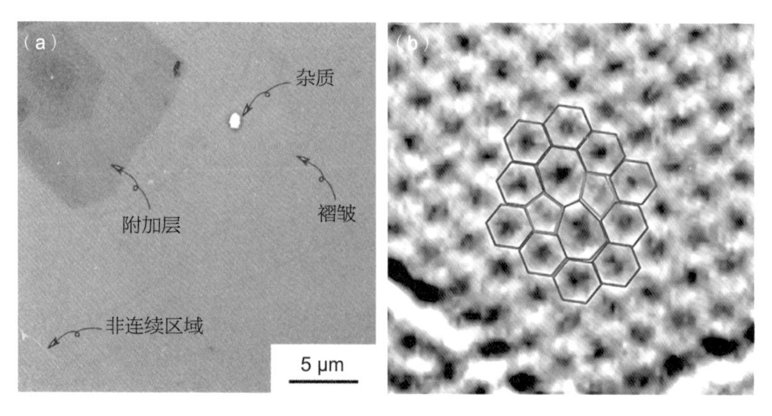

图 3-6 石墨烯的微观结构
（a）SEM 图像；（b）TEM 图像
（* 注：TEM 图像显示出构成晶界的五元碳环和七元碳环，两者均属于缺陷）

除了光学显微分析技术和电子显微分析技术外，还有一种重要的显微分析技术——扫描探针显微分析技术。这种显微分析技术能够真实、直观地展示石墨烯表面的三维结构，常用的仪器有 STM 和 AFM。STM 可以对样品表面进行无损探测并突破光学限制，具有原子级的高分辨率，用于研究石墨烯的晶格结构、取向、边界类型及层数，以及表面原子的吸附情况等（见图 3-7）。AFM 通过检测探针作用力的变化来获得纳米级分辨率的表面结构及粗糙度等信息（见图 3-8）。比较这两种检测方法，STM 对样品质量的要求更高，对测试环境真空度的要求也更高。

察：“高大上”的分析术

尽管各种显微学检测手段能较为直观地反映石墨烯的形貌和结构信息，但对其缺陷、层数、堆垛角度等方面进行定性或定量分析仍较为困难。要解决这些问题，需要考虑激光与物质间的相互作用，借助相关的发射、吸收或散射光谱，测定分子的振动和转动频率及有关常数，理解分子内部或分子间的相互作用，推断分子结构的对称性和几何形状、能级结构等。

如图 3-9 所示，使用波长为 532 nm 的激光对石墨和石墨烯进行拉曼光谱[①]测试，拉曼光谱中有两个基本特征峰，分别是位于 1580 cm^{-1} 附近的 G 峰和位于 2700 cm^{-1} 附近的 2D 峰（石墨的 2D 峰位于 2720 cm^{-1} 附近）。通过分析特征峰的峰位、峰强等数据，可以获得石墨烯的对称性、结晶度、层数、掺杂[②]和应变等信息。除了局部区域的定点分析外，结合图像分析技术，拉曼光谱分析技术还具有平面扫描功能，

① 拉曼光谱是一种散射光谱。拉曼光谱测试是基于印度科学家拉曼（Raman）发现的拉曼散射效应（光波在散射后频率发生变化的现象），对与入射光频率不同的散射光谱进行分析以得到材料中分子振动和转动等信息，并用于分子结构研究的一种分析方法。

② 掺杂是指为了改善材料或物质的性能，在其中掺入少量其他元素或化合物。

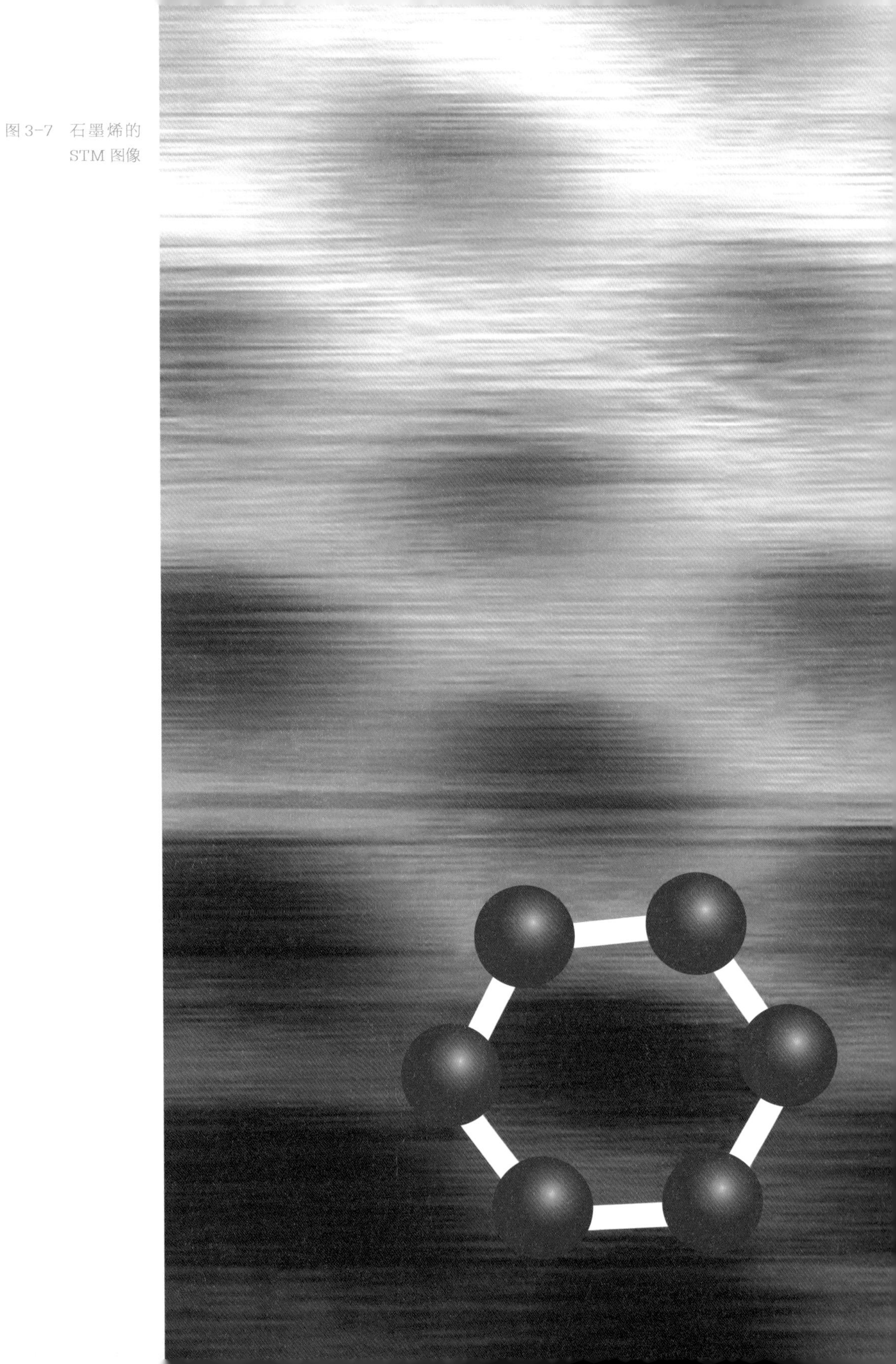

图 3-7　石墨烯的 STM 图像

0.1 nm

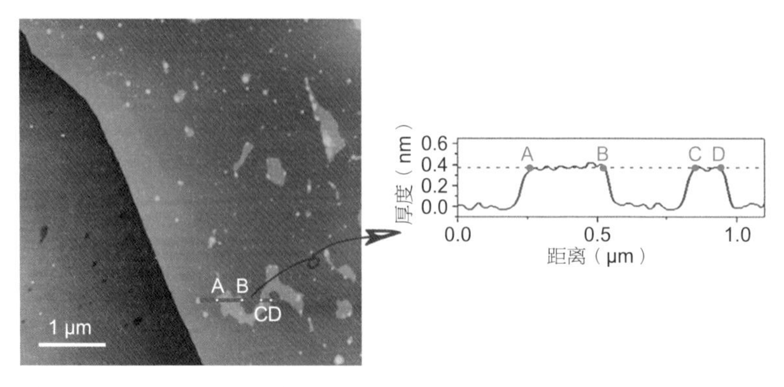

图 3-8　石墨烯的 AFM 图像

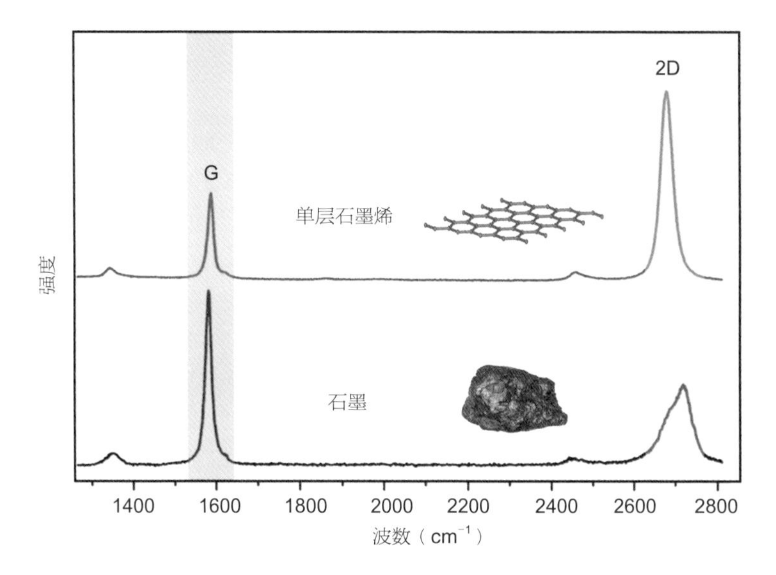

图 3-9　单层石墨烯和石墨对应的拉曼光谱

可用于分析样品整个区域的均匀性、缺陷、掺杂和应变状态。X 射线光电子能谱（X-ray Photoelectron Spectroscopy，XPS）分析技术则可用于分析石墨烯的官能团、sp^3 杂化缺陷以及化学掺杂等信息，是研究氧化石墨烯、还原氧化石墨烯最常用的分析检测手段。

除了上述提到的常用的分析技术外，还有一些分析技术也在探寻石墨烯的新性能过程中发挥了重要的作用，如透光率 / 反射率测定仪用于测定石墨烯薄膜的透光率；范德堡霍尔测试和四探针测试用于测定石墨烯的电学性能；热电桥法、激光闪射法等用于测定石墨烯的热学性能；纳米压痕法、拉伸法用于测定石墨烯的力学性能等。总之，石墨烯诸多神奇特性的发现，离不开对这些先进检测方法的合理运用。

制备真实的石墨烯

近十几年来，研究者们一直在寻求有效的方法制备高质量的石墨烯，尽可能地发掘这种新型二维材料的性能和应用。

如第 1 章所述，材料的制备总体上可分为两种策略，即“自上而下”法和“自下而上”法。如图 3-10 所示，“自上而下”可以看成从大到小（或从宏观到微观）的过程，而“自下而上”则可以看成从小到大（或从无到有）的过程。对于石墨烯的制备，从三维石墨上剥离出单层石墨烯，就是“自上而下”的过程，而将碳原子或碳团簇通过化学反应合成石墨烯，就是“自下而上”的过程。

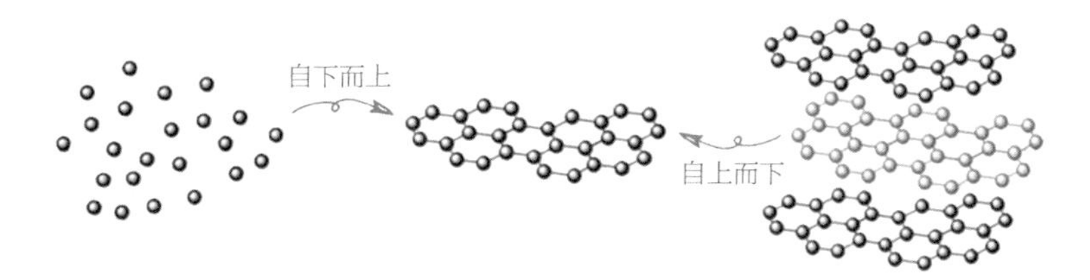

图 3-10　“自上而下”法和“自下而上”法制备石墨烯

自上而下：从“∞”打薄

微机械剥离法

石墨烯是如何被发现的呢？早在 1934 年，列夫·朗道（Lev Landau）和鲁道夫·派尔斯（Rudolf Peierls）就指出准二维晶体材料由于自身的热力学不稳定性，在常温常压下会迅速分解。第 2 章曾提到，1966 年，默明和瓦格纳也在理论上指出，表面起伏会破坏二维晶体的长程有序。因此，二维晶体石墨烯长期以来只是作为碳材料理论研究中的一个理想模型。后来，研究者们开始试图像剥洋葱一样从石墨上将石墨烯一层一层“撕”下来。劳夫等人在石墨上刻蚀出规则排列的石墨柱，借助摩擦力将石墨柱中的层片“搓开”，就像用手指推动一摞扑克牌一样，从而获得了很薄的石墨层片（见图 3-11）。哥伦比亚大学的菲利普·金（Philip Kim）等人用类似的方法将石墨做成“纳米铅笔”，在基底上“书写”后得到石墨薄片。

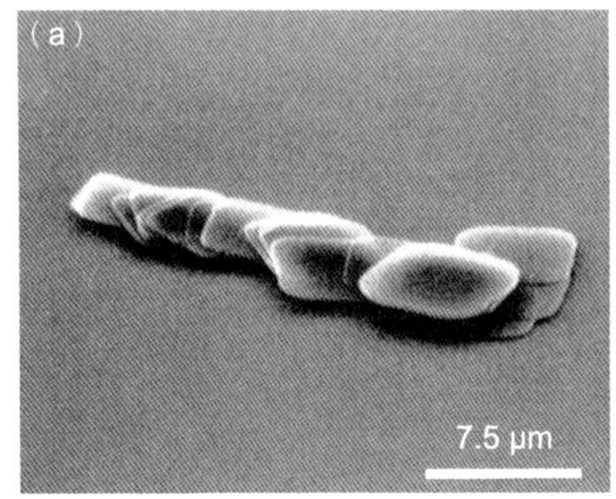

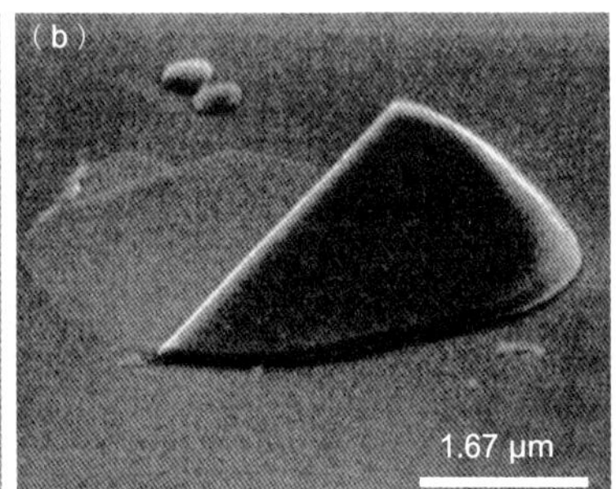

图 3-11　通过石墨柱得到的石墨烯层片
（a）堆叠；（b）折叠

但是，在微观尺度上进行这样细微的操作难度非常大，很难将石墨薄片进一步减薄到单层。曼彻斯特大学的海姆最初也试图将石墨“磨”成石墨烯，但是要把宏观的“铁杵”磨成微观的“针”实非易事。一次偶然的机会，海姆和诺沃肖洛夫发现他们做显微分析的同事在准备石墨样品时，常常会先用胶带反复粘石墨的表面，以撕掉最表层由于久置于空气中而被污染的部分，从而获得新鲜的石墨表面（见图 3-12、图 3-13）。粘有石墨碎片的胶带对于做显微分析的人员来说是无用的，可是海姆和诺沃肖洛夫却如获至宝，他们将这些胶带粘

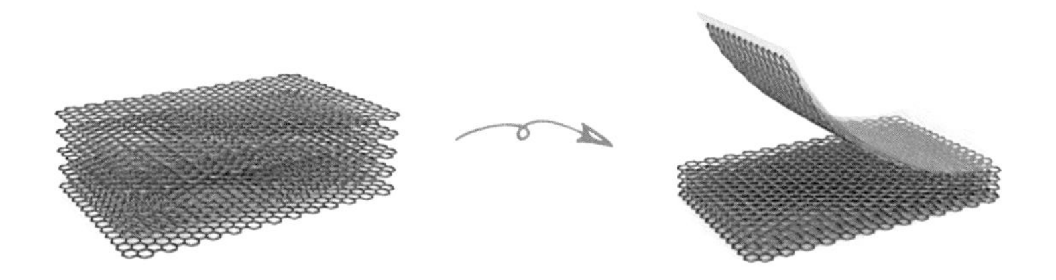

图 3-12　胶带机械剥离石墨烯示意

（图片来源：Graphene Square官网）

图 3-13　胶带机械剥离石墨烯实物

在具有光滑表面的硅片上，再把胶带撕下来。胶带上的石墨碎片和硅片接触时，硅片表面对石墨碎片有一定的吸附作用。石墨碎片一面受胶带的黏合力，另一面受硅片的黏合力，撕开胶带时，石墨碎片就从中间被分离开了。如此反复操作，石墨碎片不断被“打薄”，最终得到单层石墨烯。接下来，他们又对这个方法做了一些改进，即先用胶带将石墨碎片充分“打薄”后，再转移到硅片上，使制备效率大大提升。

这一方法操作简单，为开展石墨烯等二维材料的实验研究提供了极大的便利。海姆和诺沃肖洛夫也因为“对二维材料石墨烯的开创性研究”而共享了 2010 年的诺贝尔物理学奖。诺沃肖洛夫获奖时年仅 36 岁，是最年轻的诺贝尔奖获得者之一（见图 3-14）。

图 3-14 石墨烯发现者海姆（左）和诺沃肖洛夫（右）

O'NEILL

实际上，在这次诺贝尔奖的背后，还有一段“石墨烯发现之争”的故事。在诺贝尔奖委员会将物理学奖授予给海姆和诺沃肖洛夫之后不久，2010年11月17日，佐治亚理工学院的沃尔特·德·希尔（Walt de Heer）公开致信给诺贝尔奖委员会，对海姆和诺沃肖洛夫发表的有关石墨烯研究的背景信息中的部分内容提出质疑，包括一些不准确的论述以及未对其他研究者对石墨烯的科研贡献给予充分的肯定。德·希尔等人早在2004年之前就已经在碳化硅上制备出了石墨烯，并且首次对石墨烯进行了电学性能检测。相比而言，海姆和诺沃肖洛夫真正获得单层石墨烯是在2005年，而非大家认为的2004年。海姆和诺沃肖洛夫于2004年在《科学》（*Science*）杂志上发表的论文所报道的是少层石墨烯。2005年，当海姆等人在《自然》杂志上发表关于石墨烯电学性能的研究成果时，金等人也在同一期“背靠背”发表了同样的成果。海姆对金等人的贡献予以了充分的肯定，并认为金应该共享诺贝尔奖。此外，德·希尔认为此次的诺贝尔奖评选并不成熟，石墨烯的影响还没有充分展现。诺贝尔奖委员会对部分意见表示认同，但并没有改变评选结果。2010年11月25日，《自然》（*Nature*）杂志上发表了一篇题为 *Nobel Document Triggers Debate* 的关于这一事件的新闻焦点文章。文中除了介绍德·希尔公开信中的内容，也指出诺贝尔奖委员会淡化金等人的贡献等行为。

液相剥离法

石墨烯最初被发现时所采用的微机械剥离法，目前仍广泛被物理学家采用，并用于石墨烯基本性能和相关器件的基础研究。但是，该方法操作费时，并且只能得到小片样品，无法实现大面积、大规模的石墨烯制备。针对这一问题，研究者们通过其他技术手段，如加热、超声、高速搅拌剪切、电化学剥离等方法，尝试直接将石墨或膨胀石墨在有机溶剂中进行剥离以获得石墨烯。当溶剂与石墨的作用力与石墨层片之间的范德瓦耳斯力相当时，就能剥离出石墨烯，最后再通过分离、纯化就能得到石墨烯粉体。以上这种制备石墨烯的方法称为液相剥离法。通常，为了促进石墨烯在溶剂中的分散并保持其稳定性，还会在溶剂中加入表面活性剂（见图3-15）。液相剥离法的优点是操作过程中涉及的溶剂较少，基本不会造成环境污染，缺点是对石墨的分离不够彻底，获得的石墨烯层片较厚，并且石墨烯与有机溶剂结合紧密，难以批量分离、纯化出可单独存在的单层石墨烯。

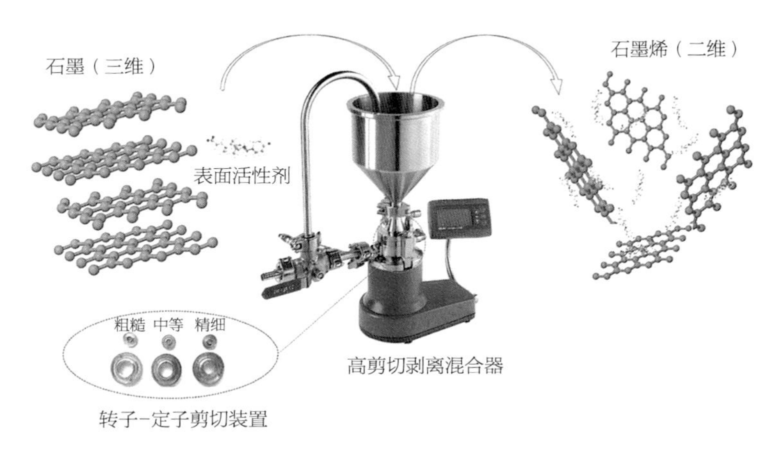

图3-15　液相剥离法制备石墨烯

氧化还原法

另一种重要的制备石墨烯的方法是化学剥离法，即氧化还原法。该方法的工艺条件较简便，原料易获得，便于实现大规模制备，适用于工业化生产。氧化还原法主要分为3步：首先将石墨在强氧化剂的作用下制备得到氧化石墨；然后将氧化石墨剥离，获得氧化石墨烯；最后对氧化石墨烯进行还原，获得石墨烯（也称为“还原氧化石墨烯”）。氧化石墨的制备最早可以追溯到1859年布罗迪的工作。目前，较成熟的3种制备氧化石墨烯的方法包括：Brodie法、Staudenmaier法和Hummers法。与前两种方法相比，Hummers法因安全性高、反应时间短、环境污染小等特点而成为制备氧化石墨烯的常用方法。

Brodie 法基于浓硝酸体系，石墨在 0 ℃下被浓硝酸和高氯酸钾氧化，再加热至 60 ~ 80 ℃并长时间搅拌，洗涤后所得的产物结晶较好。但该方法使用高氯酸钾作为氧化剂，反应过程中会产生较多的有毒气体。Staudenmaier 法基于浓硫酸体系，使用浓硫酸和发烟硝酸的混合酸处理石墨，通过控制反应时间来控制石墨的氧化程度。与 Brodie 法类似，Staudenmaier 法反应时间长且会产生有毒气体。Hummers 法是前两种方法的综合运用，采用浓硫酸加硝酸盐体系，氧化剂为高锰酸钾而非高氯酸钾，在减少有毒气体产生的同时提高了实验的安全性，产物的晶体结构较规整且易剥离。

石墨氧化后，还需要进一步剥离、还原。为了能更好地剥离，氧化石墨必须均匀地分散在溶剂里，这样才能通过热膨胀剥离或超声分散等处理得到氧化石墨烯。氧化石墨烯的还原主要有 3 种方法：一是直接使用还原剂（如二甲基肼、维生素、水合肼、硼氢化钠、氢气、氨气等），有效去除氧化石墨烯层片的边缘或层片间的含氧官能团；二是固相还原，在惰性气体中进行加热，使官能团脱离分解，释放出二氧化碳和水，同时达到剥离和还原的目的；三是使用催化、微波等方法，借助外力诱导还原。值得注意的是，氧化石墨可以均匀分散在极性溶剂中，这是由于强氧化剂使得石墨边缘或者层间含有大量含氧官能团（如羟基、羧基、羰基等），氧化后的石墨由疏水性变为亲水性。因此，强氧化剂可用于对石墨或石墨烯进行改性[①]，即通过引入不同的官能团以满足不同的应用需求。但是在还原过程中，石墨烯的亲水性会变差，导致分散性变差。

与氧化还原法类似，也可将碳纳米管沿管径方向展开，得到石墨

① 改性是指通过物理和化学手段改变材料物质形态或性质的方法。

烯纳米条带（见图3-16）。具体来说，首先将碳纳米管悬浮在浓硫酸中，然后用高锰酸钾处理以获得氧化石墨烯纳米条带，再进行还原，即可得到石墨烯纳米条带。

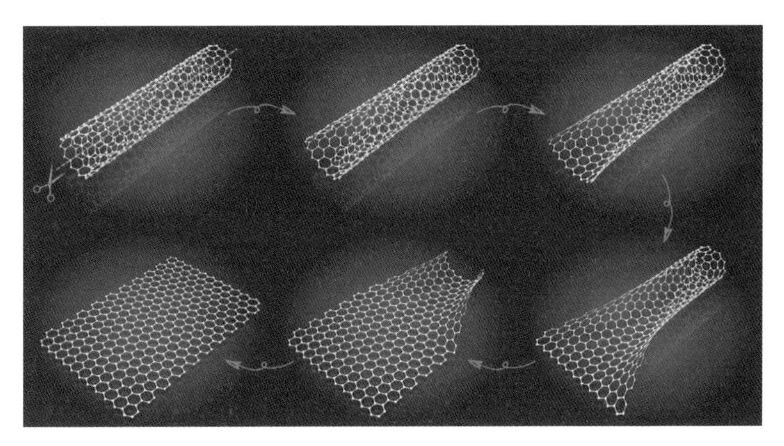

图3-16　将碳纳米管剪开得到石墨烯纳米条带示意

氧化还原法制备的石墨烯层数少、产量大，但是产物缺陷较多，导电性及稳定性较差。制备过程中需要控制的因素较多，如氧化过程需要采用强氧化剂和高浓度强酸，且还原过程多采用有毒的还原剂，会造成严重的污染。

随着人们对环境问题的关注，氧化还原法所使用的氧化剂不再局限于氯系和锰系，铁系氧化剂随之出现（见图3-17）。铁系氧化剂可以快速插入石墨层间，同时产生氧气，使石墨快速分层。与传统的氧化还原法相比，该方法较为“绿色”，对环境友好，制备效率高，在一小时内即可完成制备，适于工业化生产。

自下而上：从“0”生长

有机物自组装法

在催化剂的作用下，某些有机物可以自动组装成石墨烯或类石墨

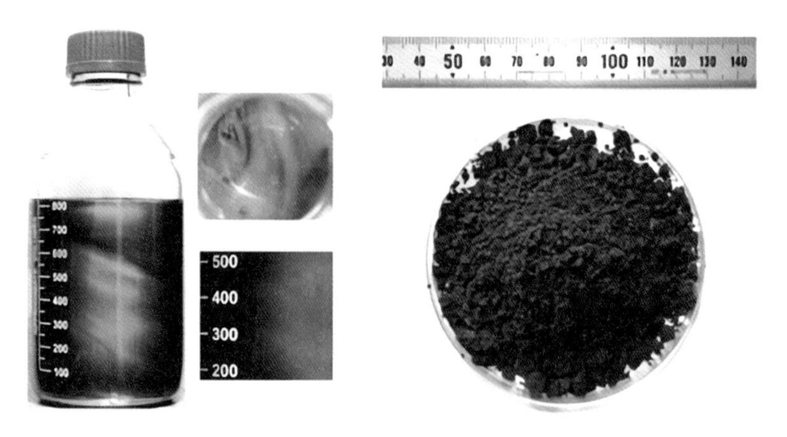

图 3-17 采用铁系氧化剂快速制备氧化石墨烯

烯。石墨烯的有机合成最早出现在 1958 年，通过有机小分子组装成石墨烯纳米片或石墨烯纳米条带。图 3-18 是采用有机小分子合成石

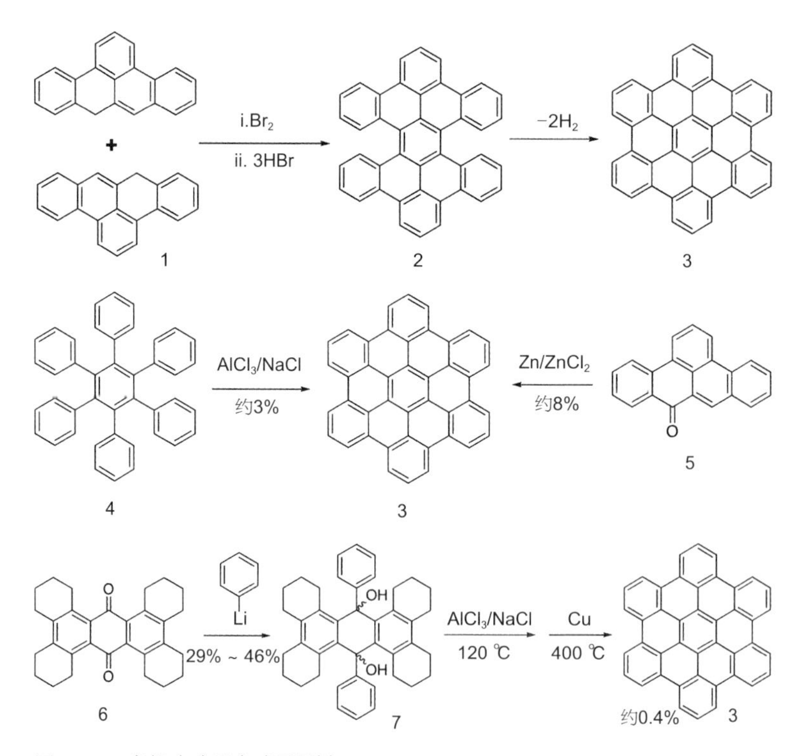

图 3-18 有机小分子合成石墨烯

墨烯的过程示意。该方法制备的石墨烯具有分散性好、结构完整和加工性能优越等优点。通过控制有机小分子的质量和反应过程，可以控制石墨烯的尺寸、形状和边缘结构。但是该方法的化学合成路线较复杂，产率较低，且易发生副反应，无法实现宏量制备。

高温热解碳化硅法

前文介绍的方法所制备的石墨烯均为微米级，而某些应用场合需要厘米级甚至米级尺寸的连续石墨烯薄膜。大面积石墨烯薄膜最初是通过高温热解碳化硅法得到的。尽管石墨烯的研究热潮是最近十几年才兴起的，但关于碳化硅法制备石墨烯的研究早有记载。早在 1975 年就有研究表明，通过在高真空下高温处理碳化硅，蒸发碳化硅中的硅原子，留下碳原子，就能获得石墨薄片。德・希尔等人对碳化硅法制备石墨烯技术的发展起到了极大的促进作用（见图 3-19）。2004 年，德・希尔等人提出高温热解碳化硅法，在 1400 ℃的温度下，在具有原子级平整度的碳化硅上获得了较为平整的石墨烯。由于碳化硅本身也是优异的半导体材料，因此该方法获得的石墨烯可以直接用于组装电

图 3-19 德・希尔在实验室

子器件。然而，该方法制备的石墨烯的质量和均匀性较难控制，昂贵的碳化硅基底和苛刻的制备条件极大地增加了制备成本，限制了该方法的推广和应用。

CVD 法

第 1 章介绍的 CVD 法是一种常用的材料制备方法，图 3-20 是 CVD 法制备石墨烯的设备，主要由进气管、反应室、管式炉、真空泵等组成。在进行材料制备时，将反应基底置于反应室中，对基底进行加热，并通入前驱体气体，在基底表面发生化学反应后，生成所需要的材料，而生成的废气则通过真空泵排出反应室（有时也可以不使用真空泵，将废气直接排出）。使用真空泵时，反应室中的压强低于大气压，所以这种方法也称为低压化学气相沉积（Low Pressure Chemical Vapor Deposition，LPCVD）法。不使用真空泵时，反应室中的压强为大气压，这种方法称为常压化学气相沉积（Atmospheric Pressure Chemical Vapor Deposition，APCVD）法。

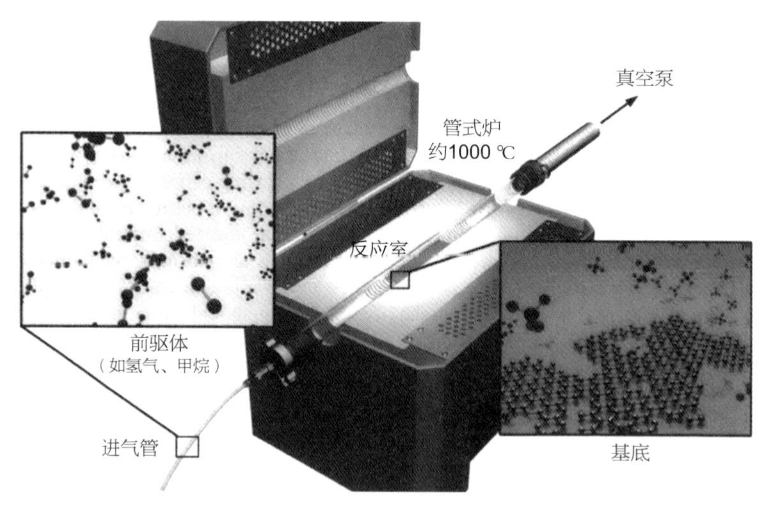

图 3-20　CVD 法制备石墨烯的设备

目前，大面积石墨烯薄膜主要通过基于铜基底的 CVD 法进行制备。该方法是由劳夫和他的博士后李雪松等人在 2009 年发明的。研究者们在20世纪七八十年代就已经对金属表面薄层石墨的生长进行了大量研究。在很多以碳氢化合物作为原料的化学合成反应中，通常会使用金属催化剂来加快反应的进行。理论上，催化剂不参与反应，会一直保持其催化作用。但实际上，催化剂的作用会随使用时间的增加而逐渐减弱，甚至完全失去活性。杰克·布莱克利（Jack Blakely）等人研究发现，反应发生时，镍、钴、铂等金属表面会形成一层石墨薄层，类似于现在的石墨烯。但是，当时研究者们的主要关注点是对金属催化性能及其失效原因的探究，忽略了对石墨薄层的关注。再加上虽然高温时金属表面会形成薄薄的石墨，但当温度降到室温时，表面的石墨层会变厚。这是因为，高温时金属会溶解很多碳原子，而低温时溶解度会降低，碳原子会被"排挤"出来，从而形成更厚的石墨层，影响了研究者们对石墨薄层的观察。因此直到2004年，石墨烯的成功分离才使金属表面生长石墨烯的方法重又回到了研究者们的视野。2008年，彼得·萨特（Peter Sutter）等人使用钌作为基底，在钌的表面生长单层石墨烯小岛，每个石墨烯小岛约为几十微米。但是，钌的价格较高，且生长在钌上的石墨烯很难被转移下来，极大地限制了石墨烯的应用。于是，研究者们又把目光投向了镍。早在1979年，布莱克利等人就发表了在镍表面生长石墨薄层的相关工作。为了保持高温时镍表面石墨烯薄膜的单层状态，抑制降温过程中更多的碳原子的析出，金根秀（Keun Soo Kim）等人将镍基底做得很薄（只有几百纳米厚），以降低溶解在其中的碳含量。使用这种方法，可以获得很薄的石墨烯薄膜，且其中大部分是单层石墨烯。由于镍很容易被刻蚀液去除，因此可以留下完整的石墨烯薄膜，且该石墨烯薄膜便于转移至目标基底上进行后续应用（见图3-21）。

尽管如此，在镍基底上生长的石墨烯仍不尽如人意。这是由于镍表面的均匀性很难控制，导致生长的石墨烯薄膜也薄厚不均。同一时期，劳夫和李雪松也在开展制备石墨烯薄膜的相关研究（见

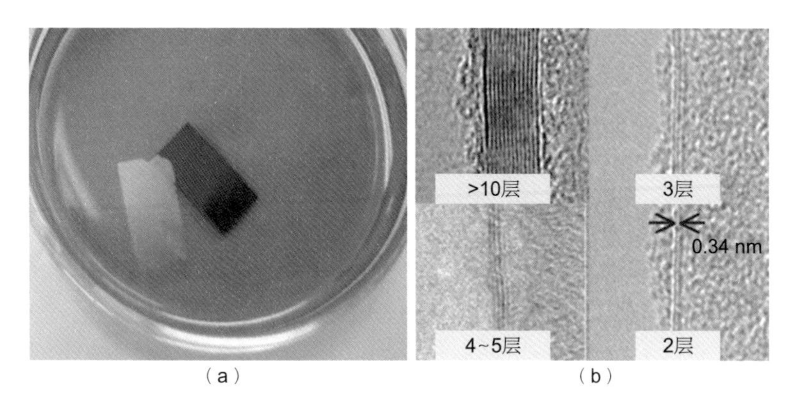

图 3-21 镍基底上生长的石墨烯薄膜
（a）实物；（b）TEM 图像

图3-22）。他们考虑到，与其通过控制金属基底的厚度来控制溶解的碳含量，不如直接使用不溶解碳的金属。他们最终选择了铜基底，碳在铜中的溶解度非常低，基本可以忽略不计，这样就不必担心高温下获得的单层石墨烯在降到室温后变厚的问题。他们的工作于2009年发表在《科学》杂志上，引起了极大的关注，并被评选为当年的重大科技突破之一（见图3-23）。

图 3-22 铜基底 CVD 法制备石墨烯薄膜的发明人李雪松（左）和劳夫（右）

尽管最初生长的石墨烯只有 1 cm 大小，且存在少量的多层点、褶皱等缺陷（见图 3-24）。但经过十几年的技术发展，如今制备米级尺

Graphene Takes Off

PROGRESS IN MATERIALS SCIENCE OFTEN plods. Graphene soars. Since 2004, when researchers in the United Kingdom discovered a simple way to peel the single-atom-thick sheets of carbon atoms off chunks of graphite, researchers have scrambled to study this ultimate membrane. This year they took it to a new level, with a string of discoveries that include new fundamental insights and ways to make large graphene sheets and turn them into novel devices.

Much of graphene's fascination lies in the way it conducts electrons. Its near-perfect atomic order—a chicken wire–like lattice of carbon atoms—allows electrons to flow through it at ultrafast speeds. That property enables physicists to use it as a simple test bed for some of the unusual features of quantum mechanics. Last month, for example, separate research groups in New York and New Jersey confirmed that graphene's electrons exhibit the fractional quantum Hall effect, in which electrons act collectively as if they are particles with only a fraction of the charge of an electron. This behavior was spotted decades ago in some multilayer semiconductors but never before in such a simple material.

Simplicity reigned elsewhere as well. In May, researchers at the University of Texas, Austin, reported that they had made graphene films up to a centimeter square by growing them atop thin copper foils. A team at Cornell University modified their technique to grow graphene on silicon wafers. The two advances open the door for making large arrays of graphene-based electronic devices.

Progress on such devices also surged. In January, researchers at IBM reported building graphene transistors that can switch on and off 26 billion times per second, far outpacing conventional silicon devices. Researchers at the Massachusetts Institute of Technology chipped in with a graphene frequency multiplier for electronic signals, which could lead to new applications in communication and sensing. And elsewhere, researchers turned out everything from a graphene-based scale capable of weighing small molecules to a superfast graphene photodetector. Simple or not, researchers are making it look easy with graphene.

Electrifying. Graphene's conductive properties excite researchers in both physics and electronics.

www.sciencemag.org SCIENCE VOL 326 18 DECEMBER 2009

图 3-23 CVD 法制备石墨烯被《科学》杂志评选为 2009 年重大科技突破之一

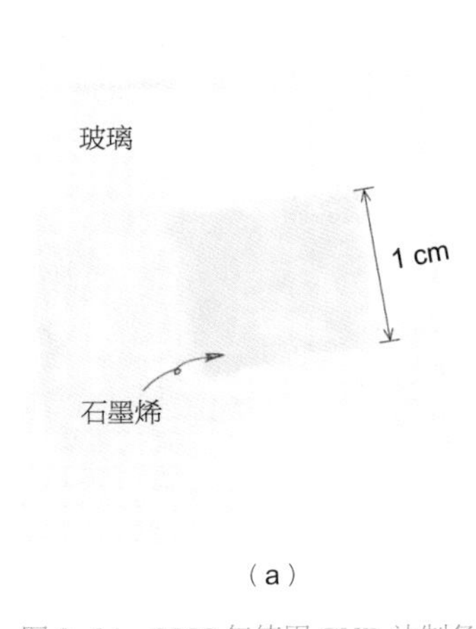

(a)

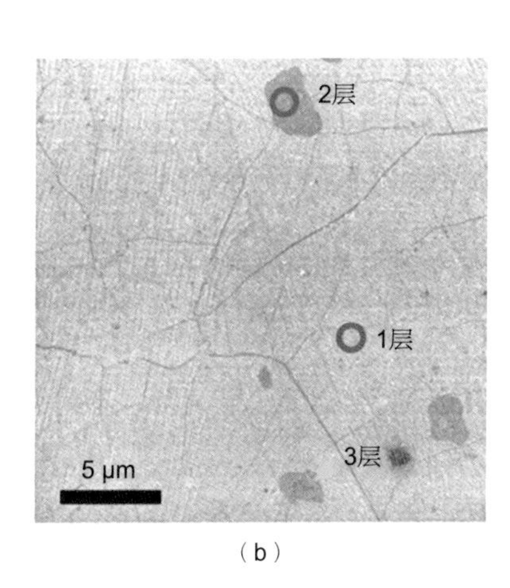

(b)

图 3-24 2009 年使用 CVD 法制备的石墨烯
(a)光学显微镜图像；(b)SEM 图像

寸的石墨烯已并非难事，甚至可以实现完全没有多层点的纯单层生长以及无褶皱的超平生长。此外，采用卷对卷制备技术，还可以实现几百米甚至几千米长度的石墨烯的连续生长。

图 3-25 中显示了石墨烯在金属表面的生长过程。在高温反应室

中，通入碳源气体（如甲烷）（①）；当碳源气体接触金属表面时，分解出碳原子（②）；一部分碳原子进入金属基底内部，另一部分碳原子在金属表面扩散，相遇后就会聚集起来，形成一个个小晶核，即晶体生长的“核心”（③）；随着越来越多的碳原子的添加，小晶核逐渐长大（④和⑤），最后所有的小晶核连接起来，拼成了一个更大的石墨烯薄膜（⑥)；随着温度降至室温，金属基底中的碳原子析出，形成更多的石墨层，也就是多层石墨烯（⑦）。对于铜来说，基底中只能容纳极少的碳原子，降温时不会析出更多的石墨层，而镍对碳的溶解能力要大很多，很容易生长多层石墨烯。

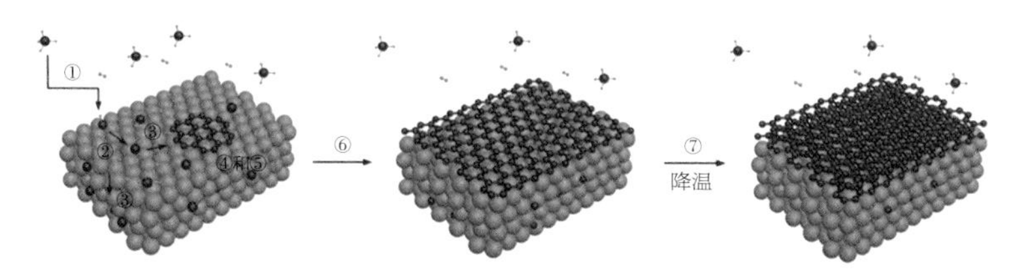

图 3-25　使用金属基底通过 CVD 法制备石墨烯薄膜的主要物理化学过程

通过控制反应气氛和温度，可以调节石墨烯晶畴的形状、尺寸和层数等结构特征。如图 3-26 所示，采用 APCVD 法，通过控制甲烷与氢气的气压比，可以控制在铜基底上生长的石墨烯的形状。当甲烷气压较小及碳源较少时，晶畴偏向于雪花状［见图 3-26（a-h）］；当甲烷气压较大时，随甲烷气压的增加，碳源也增加，石墨烯由六边形转变为圆形［见图 3-26（i-l）］。

闪热法

莱斯大学的詹姆斯·图尔（James Tour）等人发明了一种“快闪”制备石墨烯的方法，通过对碳源（如煤、石油焦、生物炭、炭黑、废弃食品、橡胶轮胎和塑料废料等）进行快速加热，可以在不到一秒的时间内获得克级的石墨烯。石墨烯的产率取决于碳源的碳含

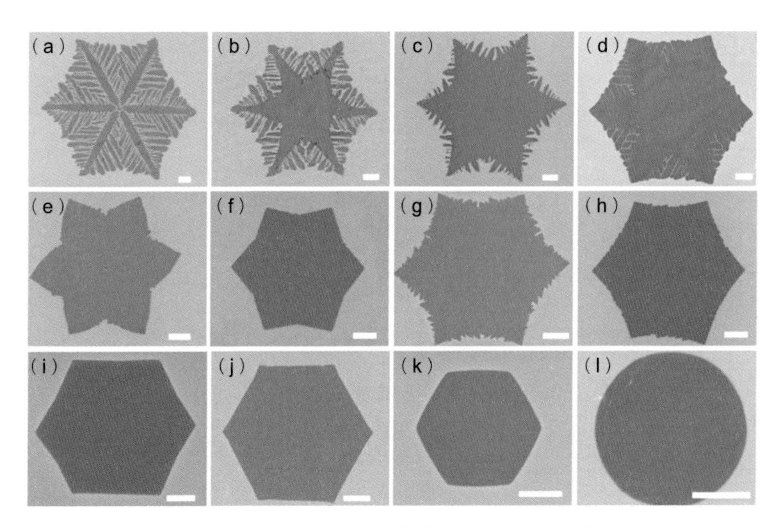

图3-26 不同条件下采用APCVD法在铜基底上生长的石墨烯的SEM图像
(a-h)甲烷气压较小；(i-l)甲烷气压较大
(*注：标尺大小为5 μm)

量，当使用高碳源（如炭黑、无烟煤和焦炭）时，石墨烯的产率为80% ~ 90%，纯度高于99%，且不需要纯化。但该方法涉及高电压和超高温，是否能用于工业生产还有待进一步检验。

揭秘神奇的石墨烯

碳家族中各成员的组成元素都是碳，但组装起来的“长相”却各不相同，且能在不同应用领域大显身手，例如铅笔（石墨）用来写字，钻石（金刚石）用来记录永恒……要想深入探究材料的使用价值和潜在应用，首先要看它具备哪些性能。下面将介绍石墨烯在力学、电学、光学、热学等方面的独特性能。

力：无坚不摧

一种材料是坚硬还是柔软，是否容易发生弯折，是一击就碎还是能抵抗冲撞……这些性质同属于材料的力学性能（硬度、强度、塑性、韧性等）。石墨烯的力学性能究竟如何呢？事实上，石墨烯既是柔软的，也是坚硬的。石墨烯柔软的一面源于它只有薄薄的一层碳原子。同时，石墨烯又是非常坚韧的。石墨烯抵抗外力的能力可以用量化的指标来表示，例如弹性模量为 1.0 TPa、二维抗拉强度为 42 $N \cdot m^{-1}$、硬度甚至超过了金刚石。石墨烯是目前已知的强度和硬度最高的晶体材料。

为什么薄薄的一层石墨烯有如此高的力学性能呢？其实，这得益于石墨烯独特的二维结构。石墨烯中的碳原子之间是以共价键相结合的，这种共价键的结合力非常强，要想破坏它，使石墨烯发生断裂破损，需要很大的力。类似的，金刚石（钻石）也是以这种结合方式形成，所以金刚石的强度和硬度也非常高。那么石墨烯是不是也可像金刚石一样用作切割材料呢？确实如此，但石墨烯不是一般宏观意义上的切割材料，而是可以应用于微观世界，如切割单核癌细胞等，这在医学领域具有广阔的应用前景。

电：迅若奔雷

为什么金属能导电，而橡胶不导电？导电的本质来源于何处？电流是电子在外加电场下的定向移动。由此可知，存在自由移动的电子是导电的核心。每个原子都有价电子，就是那些离原子核最远、难以被原子核管控的电子，这些价电子组成了价带，比价带能量更高的能带则是导带。

如图 3-27 所示，对于导体，导带与价带“接”起来了，且电子没有完全充满，拥有自由移动的电子，因此导电性最佳。导电性次之的是半金属，由一个填充满的价带和一个空的导带组成，二者之间的间隙为零，电子很容易从价带跃迁到导带中。半导体的价带和导带之间存在较大的间隙，电子需要吸收一定的能量（热、电、光）才能从

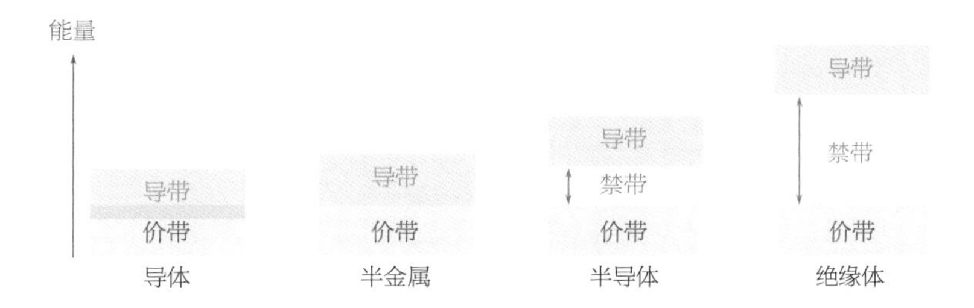

图 3-27　导体、半金属、半导体和绝缘体的能带结构

价带跃迁至导带，因此自由移动的电子较少，导电性较差。此外，价带与导带之间的间隙称作带隙（或禁带宽度）。绝缘体的价带和导带之间的间隙最大，电子一般情况下无法从价带跃迁至导带中，因此绝缘体不导电。

石墨烯是带隙为零的半金属，但是它的载流子迁移率比金属（导体）高得多，这是由石墨烯特殊的二维结构导致的（见图 3-28）。在石墨烯平面内，碳原子以 sp^2 杂化形成 120° 键角的共价键（σ 键），同时在垂直平面的方向有 1 个 π 键相互共轭形成了巨大的共轭大 π 键，为载流子提供了高速通道，电子和空穴能以很高的速率（约 $1\times10^6\ m\cdot s^{-1}$）移动。实验结果表明，室温下石墨烯的载流子迁移率可达 15 000 $cm^2\cdot V^{-1}\cdot s^{-1}$，最高可达 200 000 $cm^2\cdot V^{-1}\cdot s^{-1}$，与其对应的电导率为 $1\times10^6\ S\cdot m^{-1}$。石墨烯是目前已知的室温电导率最高的材料。

光：与众不同

石墨是黑色的，钻石却很透明，同样是碳，为什么它们相差甚远？这就要谈到材料和光的相互作用了。光经过物质会发生反射、吸收、折射，物质呈现出的颜色与这 3 种现象有关。不透明的物体的颜色取决于其反射的光，透明物体的颜色取决于其透过的光。石墨呈黑色说明它对可见光吸收很强，而石墨烯为石墨层片中的一层，那么石

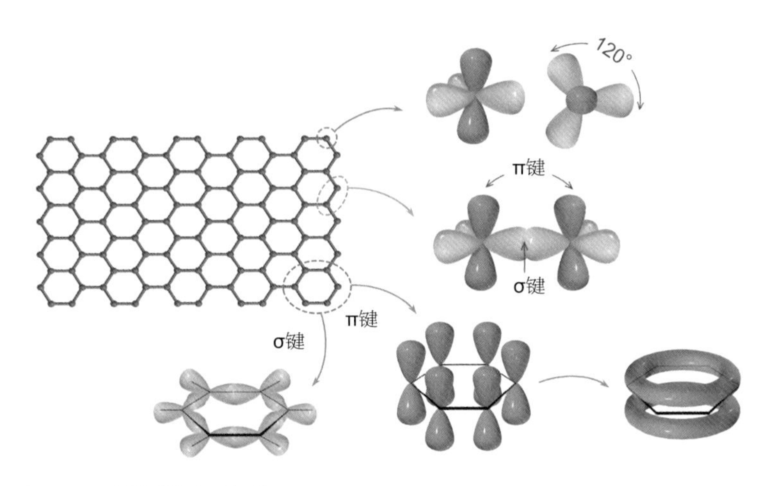

图 3-28　石墨烯的电子结构

墨烯对光的吸收究竟是强还是弱呢？实验结果表明，单层石墨烯对可见光的吸收率为 2.3%。多层石墨烯的透光性可由透光率的计算公式表示：$T=(1-0.023)^n\times100\%$，其中 T 为透光率，n 为石墨烯层数。反之，通过石墨烯的透光率可以推测石墨烯的层数（见图 3-29）。

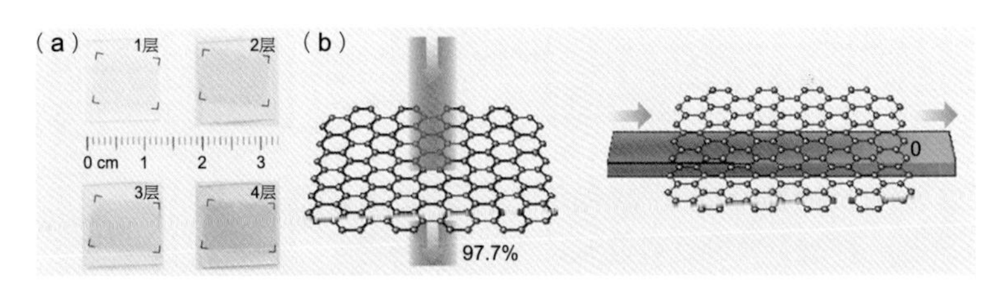

图 3-29　石墨烯薄膜及其透光性
（a）玻璃上沉积的石墨烯薄膜（1 ~ 4 层）；
（b）石墨烯的可见光透过率：垂直方向为 97.7%，水平方向为 0

根据折射和干涉原理，不同衬底上的石墨烯会呈现不同的颜色。通过光学显微镜可以观测到这一现象，并由此推断石墨烯的层数。另外，石墨烯还具有很好的非线性光学特性。非线性光学特性是指材料的光学性质依赖于入射光的强度，且只有在激光这样的强相干光作用下才可表现出来。对于石墨烯而言，当入射光的强度超过一定值时，石墨烯对入射光的吸收就会达到饱和。在强光照射下，石墨烯由于具有宽波段的吸收和零带隙的特点，因此会慢慢接近饱和吸收。石墨烯的这一特性使其可广泛用于光学领域（如激光开关、光子晶体等）。

热：追风逐电

绝对零度下所有物质都是静止的吗？答案是否定的。微观粒子在绝对零度下仍在运动，例如原子在其平衡位置附近做简谐振动，这种运动称为晶格振动，与材料的热学性能息息相关。晶格振动与热量存在一定的关联性。导热就是依靠材料中的电子、原子、分子的晶格振动来传递热量。热导率是用于描述物质导热能力的物理量，具体定义为在单位温度梯度（在1 m长度内温度降低1 K）时，单位时间内经单位导热面所传递的热量。热导率越高说明导热性能越好。一般而言，金属材料的热导率随着温度的升高而降低，非金属材料的热导率随着温度的升高而升高。这是由于金属材料的导热主要依靠电子热运动来进行，温度升高，电子热运动和晶格振动都急剧加强，但晶格振动对电子会产生散射作用，因此温度升高，热导率反而降低。而非金属材料的导热主要是依靠晶格振动来进行，温度升高，晶格振动加强，热导率也随之升高。

早前的研究结果表明，石墨沿水平方向的热导率为1000 $W \cdot m^{-1} \cdot K^{-1}$，而在垂直方向的热导率仅为水平方向的1/100，这是由于层与层之间的距离较大（0.34 nm），层间作用力为较弱的范德瓦耳斯力。而单层石墨烯不涉及垂直方向的传热，因此具有极高的热传导性能，理论热导率可达6000 $W \cdot m^{-1} \cdot K^{-1}$以上。石墨烯的热导率是已知材料中最高的，比目前天然材料中热导率最高的金刚石还高。石墨烯导热示意如图3-30所示。

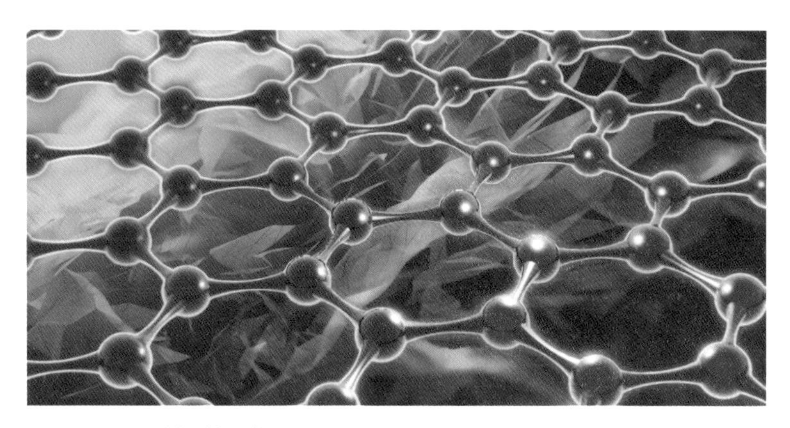

图 3-30　石墨烯导热示意

第 4 章　出彩

改变世界——推广、应用

上游——石墨

石墨烯和石墨有着紧密的联系：石墨烯可以看作单原子厚度的石墨，而石墨是制备石墨烯的重要原料之一。因此，了解石墨的特性和分布对了解石墨烯是否能广泛推广至关重要。下面将介绍石墨的特性、开采和提纯方法，以及我国和世界上其他国家的石墨资源与应用概况。

回归本质

第 1 章提到世界上第一支现代铅笔及其发明人孔泰，也提到石墨除了用作铅笔笔芯，还能用作工业润滑剂、电极材料等。那么石墨为何有如此多的用途？这与石墨的层状结构密切相关。

第 3 章介绍了石墨的堆垛方式，石墨层片之间通过较弱的范德瓦耳斯力连接。正是由于范德瓦耳斯力的存在，导致石墨层片之间很容易发生滑移，因此石墨是一种良好的润滑剂。除此之外，石墨中每个碳原子与面内最邻近的 3 个碳原子成键，留下 1 个可自由移动的电子，使得石墨的导电性非常好。石墨面内方向的导电性要比面外方向高 3 个数量级，因此石墨的导电性具有各向异性的特点。利用石墨的导电性和层状结构，可将其应用于锂离子电池作阴极电极，提升电池的使用寿命和充电速率。同时，石墨也具有良好的导热性，在高温下非常稳定。石墨的耐高温、抗腐蚀性能好、使用寿命长等特点，使其广泛应用于有色金属及合金的冶炼。

此外，在常温常压（20 ℃，0.1 MPa）下，石墨比金刚石更稳定，但在高温高压下，石墨也可以转变为金刚石。

开采与提纯

第 1 章介绍了石墨可分为天然石墨与人造石墨，并对人造石墨的加工方式进行了详细的阐述。目前，虽然特定种类的石墨可以人工合成，但工业中所使用的石墨大部分是以天然矿物的形式存在的，与石墨相关的矿物主要包括大理石、石英、方解石、云母、电气石等。这些矿物表面及内部的石墨呈现银黑色的金属光泽（见图 4-1）。

图 4-1　矿物中的石墨

开采之后的石墨矿物需要筛选，通常通过两种方法完成：一种是手工剔除矿物杂质从而获得石墨，另一种是将矿物压碎后通过浮选工艺获得石墨。石墨的浮选工艺主要包括破碎、筛分、磨矿、分级、浮选、烘干等步骤，该流程中所使用的设备如图 4-2 所示。在分离过程中，石墨较软，会贴附在矿物杂质颗粒的表面，使得杂质伴随着石墨无法分离，降低了石墨产品的纯度。解决这一问题的方法主要有两种：一种是通过多次研磨与浮选来提高纯度，另一种是使用酸溶解矿物杂质。

筛选后的石墨经过研磨后可以按层片尺寸进行分类，如 8 目以

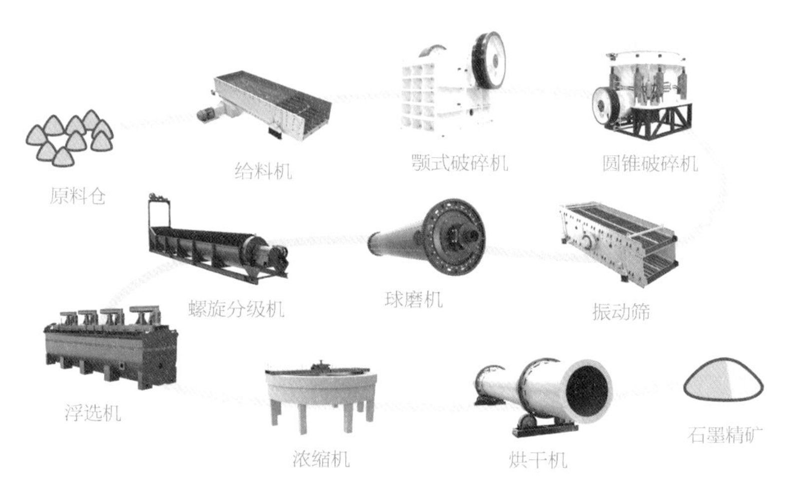

图 4-2　石墨浮选工艺流程

下、8 ~ 20 目和 20 ~ 50 目等目数[①]类别，每一类石墨中碳含量是确定的。在此基础上，根据配方标准及用户需求，可以通过进一步混合，配制具有一定层片尺寸分布和碳含量的石墨产品。

天然石墨主要分为 3 种：鳞片石墨，即结晶鳞片状石墨；无定形石墨，即土状石墨或隐晶质石墨；脉型石墨，即块状石墨（见图 4-3）。鳞片石墨是最常见的石墨，占全球石墨产量的 50%，其中的碳含量为 85% ~ 99%。无定形石墨的碳含量为 60% ~ 90%，主要由小的晶粒组成。脉型石墨产量较少，只占全球石墨产量的 1%，大多在斯里兰卡生产。

图 4-3　3 种天然石墨：鳞片石墨（左）、无定形石墨（中）、脉型石墨（右）

① 目数即每平方英寸（1 平方英寸 =6.4516 cm^2）上的孔数目。目数越大，孔径越小。一般来说，目数 × 孔径（μm）=15 000（μm）。例如，400 目的筛网的孔径约为 38 μm。

分布与应用

截至 2020 年，世界范围内已探明的石墨储量最丰富的国家包括土耳其、中国、巴西、莫桑比克等。其中，土耳其拥有 9000 万吨天然石墨储量，居世界第一，我国的天然石墨储量为 7300 万吨（见图 4-4）。在过去的十年中，我国一直是全球领先的石墨生产商和供应商。

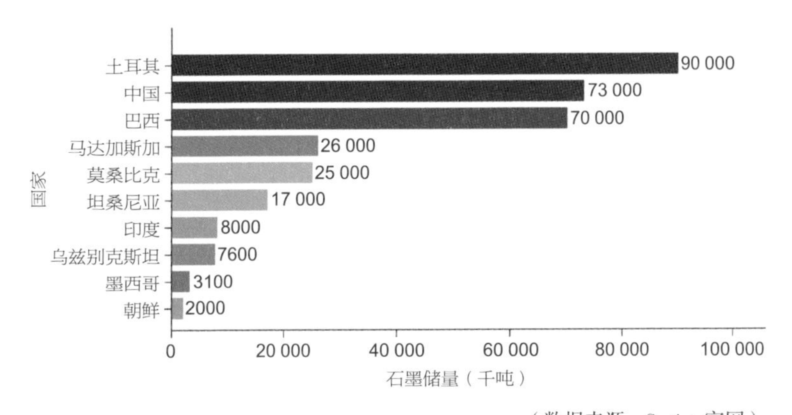

（数据来源：Statista官网）

图 4-4　世界各国石墨储量 TOP 10

我国石墨资源按形成原因可以划分为区域变质型、接触变质型、岩浆热液型 3 种，主要分布在东北、华北、华南、西南地区。按石墨品质可以划分为晶质和隐晶质石墨。其中，晶质石墨主要分布于黑龙江、内蒙古、山西、四川、山东，保有储量占全国 80% 以上。隐晶质石墨主要分布于内蒙古、湖南，保有储量占全国 67% 以上。石墨资源整体分布呈现“分布广泛、东多西少、个别富集”的特征。

根据特定的应用需求（润滑剂、电极材料、坩埚、铅笔芯等），可以选择合适的石墨种类及制备工艺。据预测，到 2025 年，全球石墨市场价值将达 270 亿美元。由于石墨是锂离子电池的重要组分，随着电动车等对锂离子电池的需求不断增大，对石墨的市场需求也在不断增加。同时，随着石墨烯等与石墨相关的产品进入市场，石墨的消耗量也在不断攀升。

中游——衍生品

单层石墨烯的厚度仅为 0.34 nm，是肉眼无法直观看到的二维材料，但是却具有极强的可塑性。石墨烯既可以组装成毫米级、厘米级甚至米级的三维宏观材料，也可以缩减到 3 个维度都是纳米级的量子点。石墨烯组装体可以统称为石墨烯的衍生品。随着科学技术的发展，石墨烯的衍生品在生产生活中发挥着十分重要的作用，可以作为独立的单元进行自由组装，制备高性能的材料，如具有优良导电性、导热性和力学性能的纤维、导热膜等；也可以作为填料，在复合材料中作为性能补充剂，使传统材料具备更优异或更多样化的性能，如将石墨烯填入硅胶中，提高硅胶软垫的导热性能；将石墨烯作为涂层涂覆在金属表面，使金属材料免受外界环境的腐蚀。

分散：粉体

石墨烯漂浮在水中时，呈现一片又一片“散入水中皆不见”的状态。然而，这样的“不可见”的材料很难在工业或科研领域直接应用起来。石墨烯粉体是干燥的石墨烯粉末的聚集体，制备石墨烯粉体的过程就是将“不可见”的材料转化为“可视化”的材料的过程。石墨烯粉体的外观与生活中常见的石墨粉、水泥粉、奶粉类似。但由于石墨烯具有密度低、比表面积大的特点，如果不加以封装管理，石墨烯粉体很容易自由悬浮在空气中（见图 4-5）。

石墨烯粉体的制备对石墨烯的大规模应用非常关键，因为无论是石墨烯的自组装，还是作为复合材料实现共组装，得到大量的单层或

图 4-5 石墨烯粉体

少层石墨烯粉体都是必由之路。石墨烯粉体主要通过球磨剥离法、气相/液相剥离法和氧化还原法等方法制备，其中氧化还原法制备的石墨烯粉体层数最少，有希望实现大规模制备和工业化应用。

石墨烯粉体的应用领域包括防腐涂料、散热材料、功能增强材料、超级电容器、锂离子电池等。以防腐涂料为例，舰船、桥梁等大型设施的金属制品直接与水接触，如果不对表面加以保护，金属制品就会很快达到使用寿命而报废。石墨烯因具有二维层片结构和比表面积大的特点，可作为防腐涂料的添加剂，形成致密的保护层，有效地阻隔外界环境、腐蚀物质等向金属基材的渗透和扩散。此外，石墨烯还具有优异的力学性能，可同时提升涂料的耐磨性，延长使用寿命。

成束：纤维

天然蚕丝、蜘蛛丝、动物毛发都属于纤维。石墨烯虽然是二维层片状材料，却可以通过纺丝工艺组装成一维纤维材料。从二维材料到一维材料的转变，体现了石墨烯的神奇之处。石墨烯纤维在本质上是由石墨烯层片沿一维方向宏观组装而成的新型碳纤维。碳纤维的发展可以追溯到 1860 年，约瑟夫·斯旺（Joseph Swan）和托马斯·爱迪生（Thomas Edison）先后将碳丝密封起来，利用碳丝的导电性能和灰体[①]辐射原理制备出人类历史上最早的电灯泡。大约100年后，进藤昭男（Akio Shindo）等人开始了碳纤维的研发。作为一种具有极高力学强度和弹性模量的高性能纤维，碳纤维在复合材料等领域发挥着重要的作用。2002年，清华大学的朱宏伟、姜开利、范守善等人提出了将碳纳米管作为基本单元组装宏观纤维的理念，并得到宏观连续的碳纳米管纤维。碳纳米管纤维继承了碳纳米管良好的传导性能，同时具有极佳的柔性。2011年，浙江大学的高超利用湿法纺丝技术制备出宏观连续的石墨烯纤维。石墨烯纤维具有三维有序、致密均一的内部结构，借助石墨烯自身优异的导电性、导热性、力学强度等特性，有望将碳质纤维的性能推向一个新高度（见图4-6）。

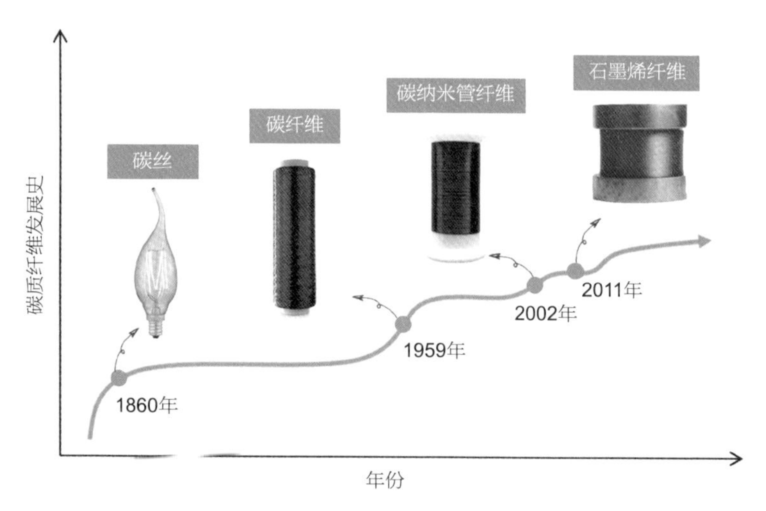

图4-6　碳质纤维发展史

石墨烯纤维的制备利用了氧化石墨烯的液晶特性，即在制备过程中，氧化石墨烯经诱导形成排列有序的纤维结构，再通过进一步还原即可得到石墨烯纤维（见图4-7）。

① 灰体是辐射传热学中的名词。在热辐射分析中，一般将光谱吸收比与波长无关的物体称为灰体。

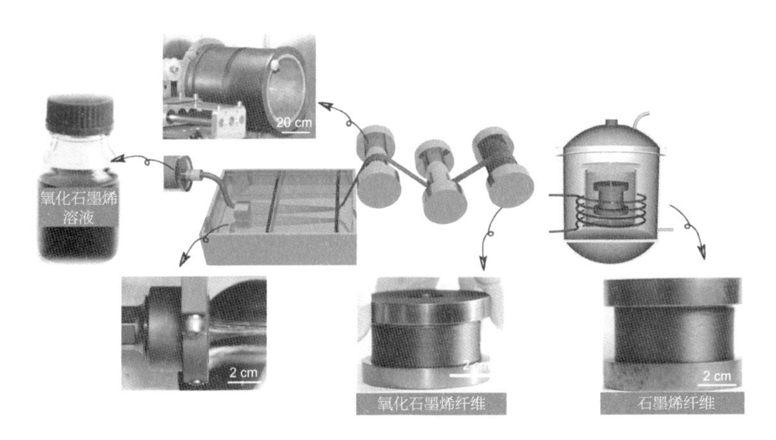

图 4-7　氧化石墨烯纤维及石墨烯纤维的制备流程

与传统的碳纤维不同，石墨烯纤维质地柔软且功能丰富，结构可调，可满足多种应用场景。例如，将石墨和传统的高分子纤维混合纺丝，可以制备石墨烯织物。与传统织物相比，添加石墨烯的织物可以除菌、防臭，丰富了人们对多功能衣物的使用需求。

此外，得益于石墨烯的优异性能，石墨烯纤维具有高导电性、高导热性、高强度等特性，可作为关键结构材料应用于汽车、特种服装、高速飞行器、航空航天等领域。例如，在军用领域（汽车、轮船、人造卫星等），需要轻质、高强度和高导热支撑体的零件都可以使用石墨烯纤维。在民用领域，石墨烯纤维可作为轻质导线，在极宽的温度范围内工作。石墨烯纤维柔性织物作为纤维状电池或者电容器的电极材料，可实现储能器件的可穿戴功能。此外，利用电热转换可实现医疗保健和电磁屏蔽，开发石墨烯纤维的光电性能可实现远距离的信号传输。

铺展：薄膜

石墨烯层片在平面内沉积、堆叠后形成的材料就是石墨烯薄膜。表面具有含氧官能团的石墨烯材料对水具有很好的亲和力，可分散在水中实现再组装。从石墨烯到石墨烯薄膜，实现了石墨烯薄膜厚度的调控（从纳米级扩展到微米级），进而可实现薄膜的功能化。石墨烯薄膜可以通过抽滤氧化石墨烯分散液再进行还原来制备。

石墨烯薄膜可作为电极材料、导热/散热材料、气体阻隔或分离材料，也可用于过滤膜、湿度传感器、高灵敏度驱动器等领域。例如，石墨烯薄膜兼具高导热性和高柔性的特点，可以在手机和计算机中发挥散热作用，相比高分子碳膜具有更好的效果（见图 4-8）。此外，石墨烯薄膜具有良好的柔性，可以折叠成各种图形（见图 4-9）。

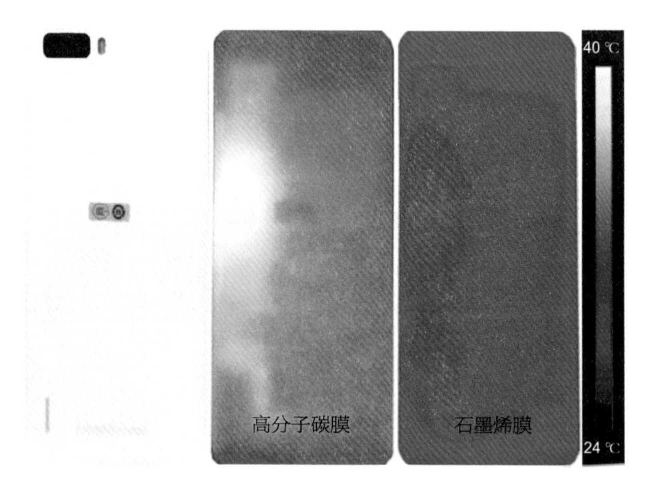

图 4-8　石墨烯膜与高分子碳膜的散热效果对比

聚集：凝胶

凝胶是指粒子或分子在一定条件下相互连接形成的空间网络结构。凝胶的空隙中充满了分散介质（介质为水称为水凝胶，介质为气体称为气凝胶）。水凝胶是一种具有亲水三维交联网络的聚集态凝胶，可以在水中溶胀而不溶解。借助一定的干燥方式使气体取代凝胶中的液相而形成的多孔固态材料，即为气凝胶。通过离子交联或高压水热处理氧化石墨烯分散液，可以使石墨烯形成三维交联结构，从而得到稳定的石墨烯凝胶。石墨烯凝胶的制备方法主要有 3D 打印法、冷冻干燥法、水热法、发泡法等。由于石墨烯层片间具有稳定的交联结构，石墨烯凝胶表现出优异的力学性能。

石墨烯气凝胶是一种高强度气凝胶，具有高弹性、强吸附性等特点（见图 4-10）。石墨烯气凝胶类似海绵，内部有很多孔隙，充满空气，具有普通海绵所不具备的特性，可应用于轻质结构材料、储能材料、柔性导电材料、传感器和阻尼材料等领域。

通过 3D 打印技术可实现石墨烯气凝胶的制备。堪萨斯州立大学、布法罗州立大学和兰州大学的研究者们将氧化石墨烯和水混合制成 3D 打印液滴，在 −20 ℃得到一种三维冰结构。经高真空和低温去除冰后，获得了氧化石墨烯气凝胶，再经过高温还原得到石墨烯气凝胶。这种石墨烯气凝胶具有极低的密度和超高的弹性，小麦植株的单个麦芒就可以将其支撑起来且不被压弯（见图 4-11）。

精细：量子点

石墨烯量子点是一类在 3 个维度上尺寸都很小（纳米尺度）的石墨烯衍生物，其内部电子在各方向上的运动都受到局限，因此量子限域效应显著（见图 4-12）。

与石墨烯的制备方法类似，石墨烯量子点的制备也可分为“自上而下”法和“自下而上”法。其中，“自上而下”法是指通过物理或化学方法将大尺寸的石墨烯切割成小尺寸的石墨烯量子点，包括水热法、电化学法和化学剥离法等。“自下而上”法则是通过化学合成小分子来反应生成石墨烯量子点，包括溶液化学法、超声波和微波法等。

石墨烯量子点最显著的特点之一是它的光学特性。在激发光的照射下，石墨烯量子点可发出不同颜色的荧光（见图 4-13）。荧光是指

图 4-9　用超柔性石墨烯薄膜折叠的千纸鹤

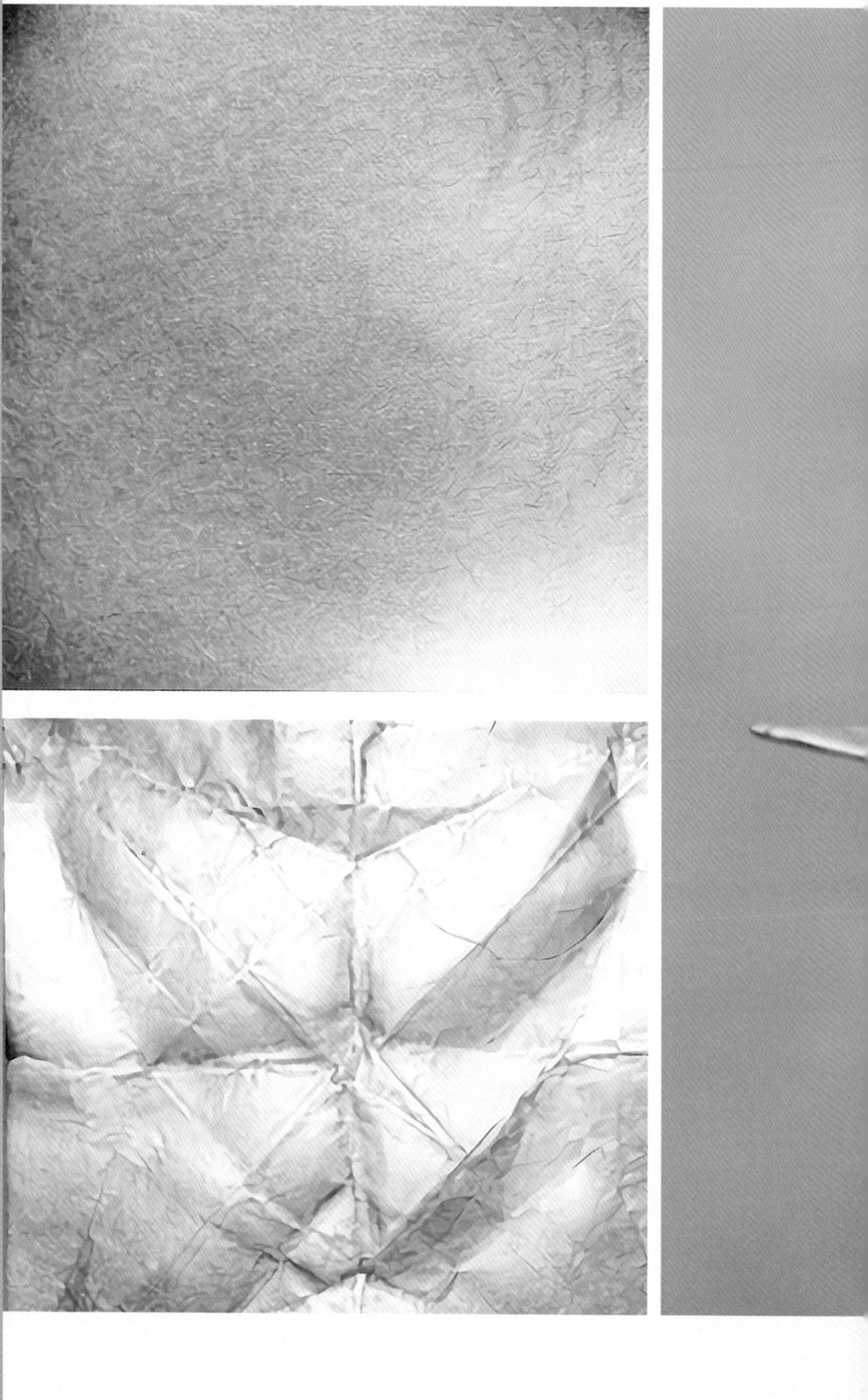

图 4-10　花蕊、蒲公英上的石墨烯气凝胶

图 4-11　小麦麦芒支撑的 3D 打印的石墨烯气凝胶

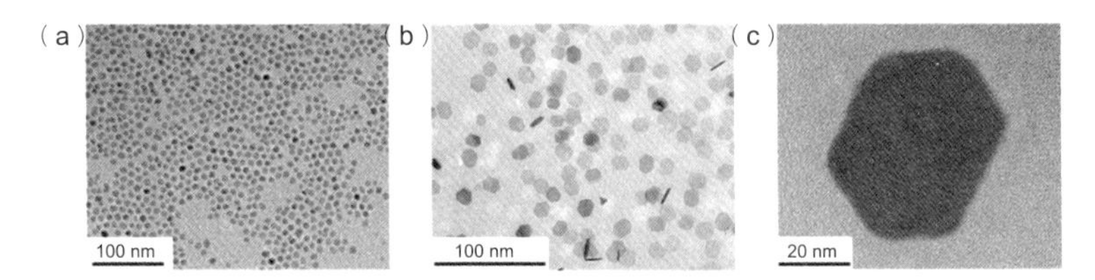

图 4-12　石墨烯量子点的 TEM 图像
（a）5 nm；（b）70 nm；（c）20 nm

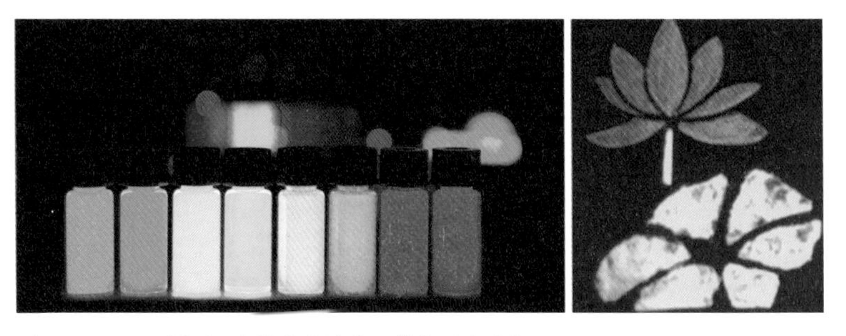

图 4-13　石墨烯量子点的荧光效应及荷花图案成像

一种光致发光[①]的冷发光现象。当某种物质经特定波长的入射光（通常为紫外线或 X 射线）照射后，电子进入激发态，并立即退激发且发出出射光。这种出射光通常位于可见光波段，且波长比入射光的波长长。一旦停止发射入射光，发光现象也随之消失。对于量子点材料，

① 光致发光指物体在外界光源照射下，电子获得能量，产生激发导致发光的现象。

电子容易受到激发而改变能级，与空穴结合后就会发光。量子点的荧光效应可用于图案化的设计、指纹识别等。

此外，与其他半导体量子点不同，石墨烯量子点具有稳定性高、毒性小、生物相容性好、荧光效应明显等特点，在体内疾病探测、细胞成像等方面具有巨大的应用潜力。

下游——多领域

前文介绍了上游的石墨及石墨矿、中游的石墨烯衍生物（纤维、薄膜、凝胶、量子点）的基本情况，下面将按领域介绍石墨烯的下游应用，包括电子信息、新能源、生物医药、复合材料、环境保护、航空航天及健康生活等领域。

电子信息：科幻？现实！

自2004年问世以来，石墨烯成为最具潜力和应用前景的电子信息材料之一。在实验研究中，石墨烯已被广泛应用于集成电路的场效应晶体管、传感器及柔性器件等电子信息领域。

场效应晶体管

首先简单介绍一下场效应晶体管。场效应晶体管作为集成电路的基本功能单元，是实现复杂逻辑运算的基础。场效应晶体管依靠电场控制半导体材料的导电沟道，进而控制载流子（电子、空穴）的导电性。场效应晶体管由栅极、漏极、源极三个端组成。在外加电压的作用下，电子从源极流向漏极。栅极相当于一个控制开关，通过开通或关闭源极和漏极之间的沟道来控制电流的大小和方向。在石墨烯场效应晶体管中，石墨烯作为导电沟道，可以实现超快的载流子传输，对研发高速电子器件具有重要意义。图4-14展示了几种典型的石墨烯场效应晶体管的结构模型。图4-15展示了一种基于石墨烯场效应晶

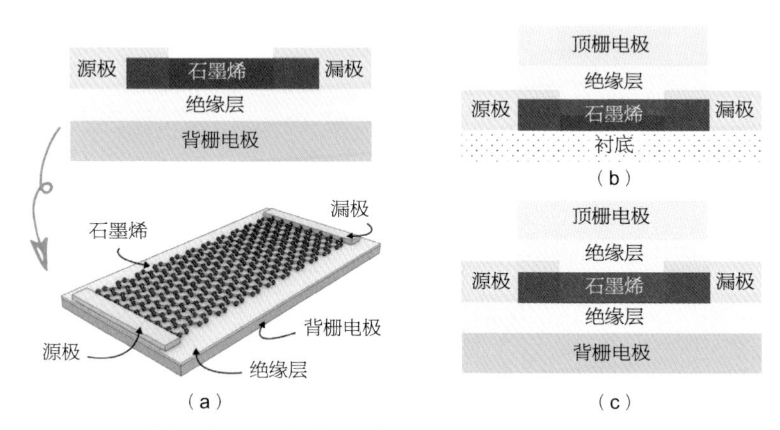

图 4-14　几种典型的石墨烯场效应晶体管的结构模型
（a）背栅结构；（b）顶栅结构；（c）双栅结构

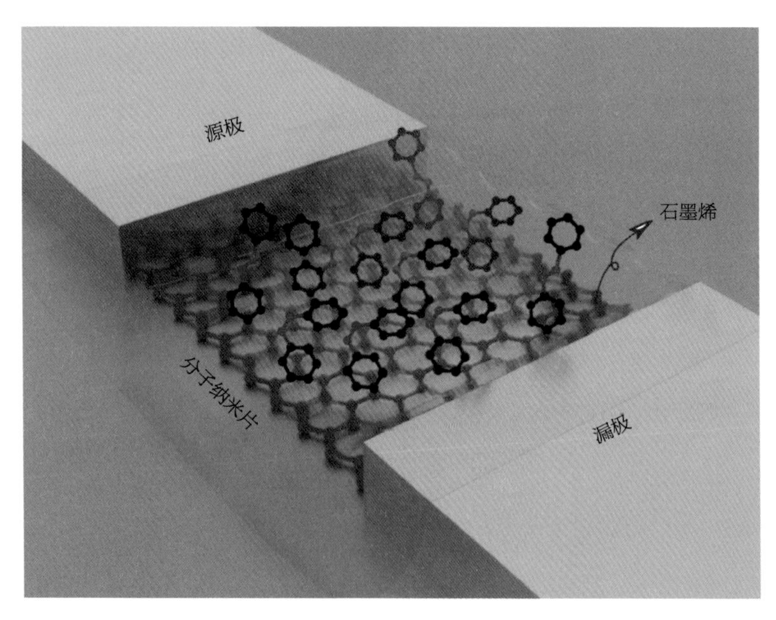

图 4-15　石墨烯场效应晶体管纳米开关

体管的新型纳米开关，可对光信号进行操控。

早在 2010 年，IBM 就率先研制出了 2 英寸（1 英寸 =2.54 cm）晶圆[①]级石墨烯场效应晶体管阵列（见图 4-16），性能远超具有相同沟道长度的硅基金属 - 氧化物 - 半导体场效应晶体管（Metal-Oxide-Semiconductor Field Effect Transistor，MOSFET）。

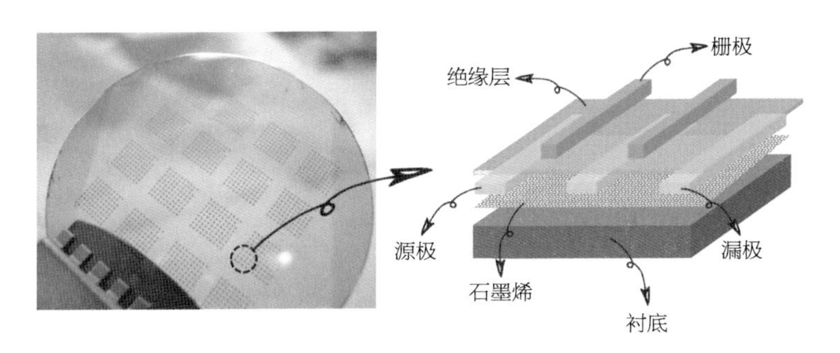

图 4-16　2 英寸晶圆级石墨烯场效应晶体管阵列

随着人工智能和类脑计算的发展，研究者们试图开创一种全新的计算方式，利用大脑的模拟计算特性进行学习、记忆和推理，同时达到大脑神经网络的能耗和效率。例如，宾夕法尼亚州立大学的萨普塔希·达斯（Saptarshi Das）等人使用石墨烯场效应晶体管精确控制大量的数据存储，通过对石墨烯施加短暂的脉冲电场来控制记忆状态，构建人工神经网络，进而实现神经形态计算（见图 4-17）。

传感器

除了场效应晶体管，石墨烯由于具有大比表面积和活性，也可用于制作高性能传感器（见图 4-18）。例如，基于石墨烯的 DNA 生物传感器可快速捕捉目标 DNA 分子，一旦捕捉后，石墨烯的电学特性就会发生改变。对这些电学特性（如电流、电阻、电容等）进行精确测量即可实现 DNA 分子的识别。斯泰恩·古森斯（Stijn Goossens）等人提出了一种石墨烯宽波段图像传感器阵列的实现方法。通过将石墨

① 晶圆是半导体晶体圆形片的简称，是圆柱状半导体晶体的薄切片，可用于集成电路作载体基片，也可用于制造太阳能电池。

图 4-17　石墨烯用于神经形态计算

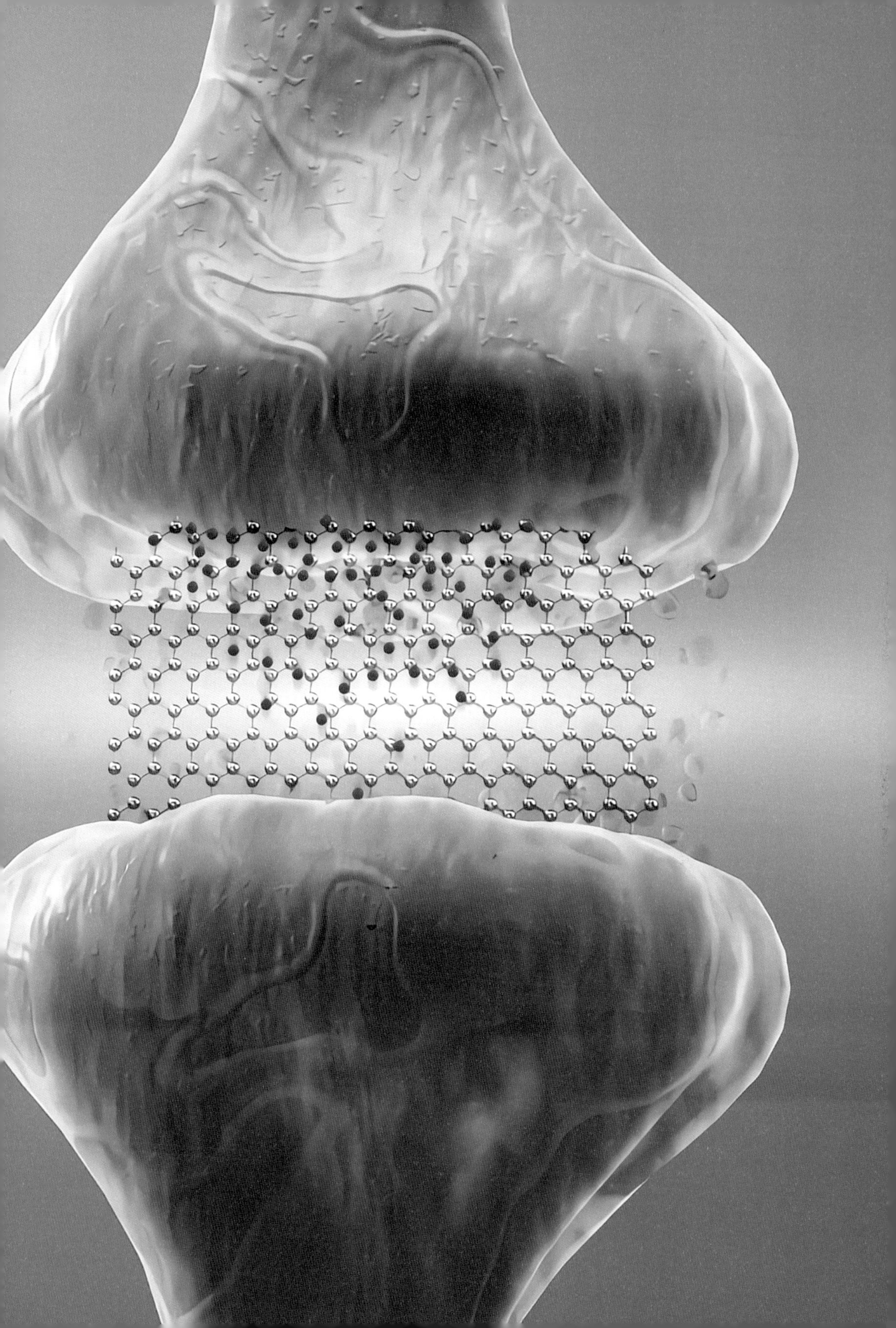

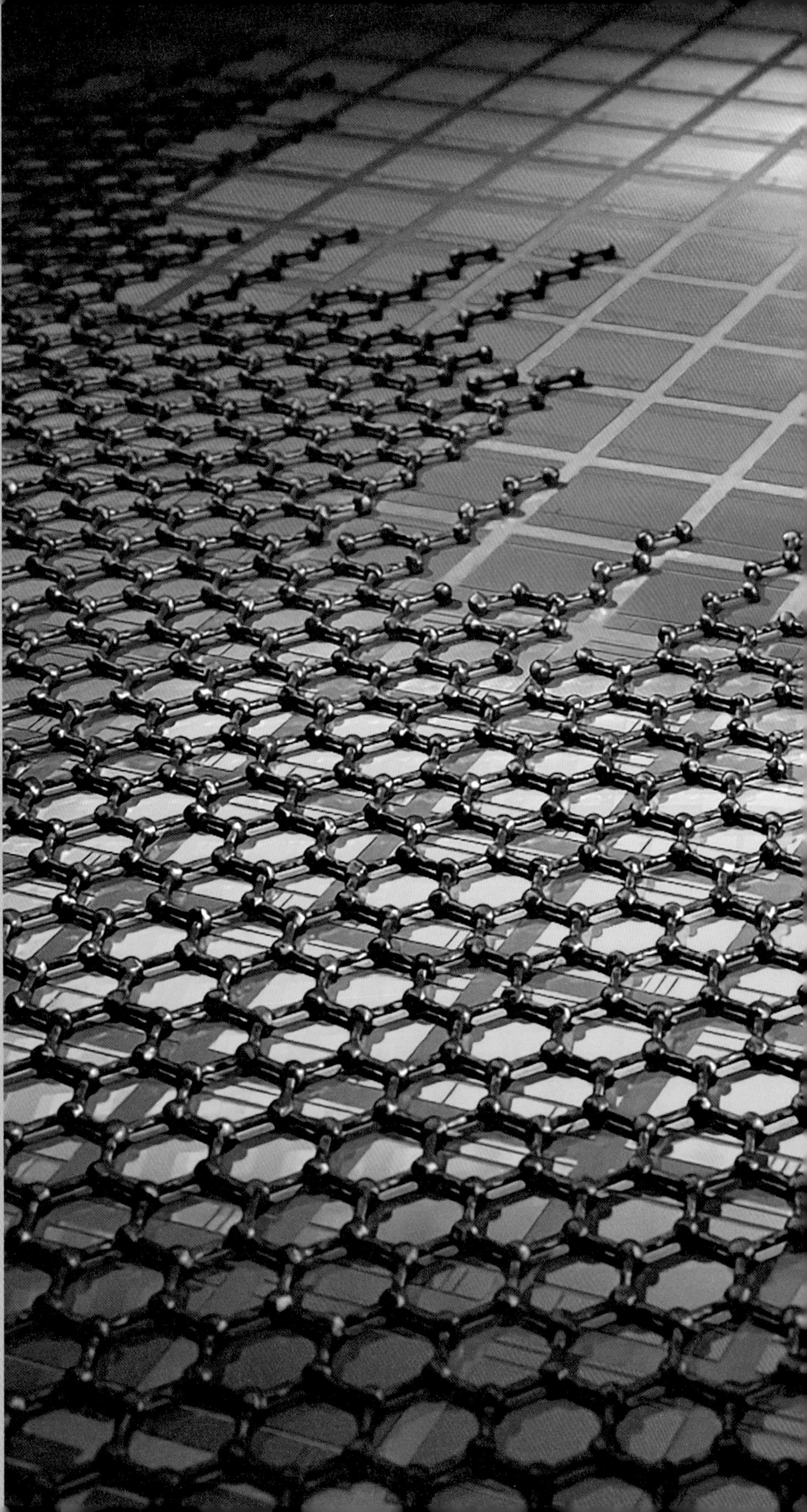

图 4-18　基于石墨烯的高性能图像传感器

烯与硫化铅量子点结合制备复合材料，可以实现从紫外到红外的宽光谱探测。结合互补金属氧化物半导体（Complementary Metal-Oxide-Semiconductor，CMOS）信号处理电路，即可实现基于石墨烯图像传感器的数字成像（见图 4-19）。

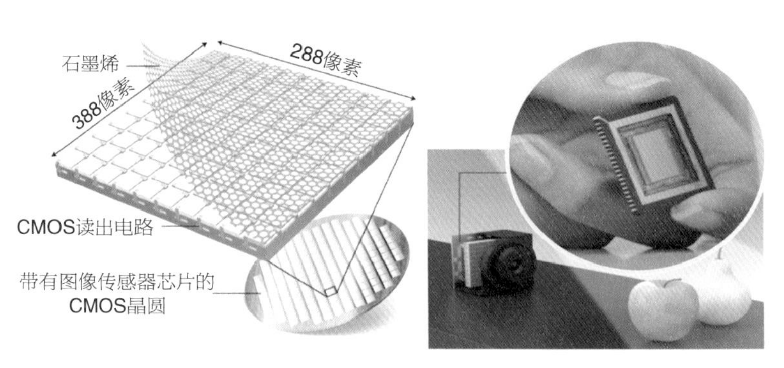

图 4-19　基于石墨烯图像传感器的数字成像

柔性电子器件

石墨烯具有良好的柔韧性，在柔性电子领域也具有潜在的应用前景。尤其在“电子皮肤”领域，结合石墨烯的传感特性，可以实现人体重要生命体征指标（如心跳、脉搏以及呼吸频率等信息）的采集，对可穿戴人体健康检测设备的研发具有重要意义（见图 4-20）。

目前，随着电子器件与系统设备向集成化、智能化及低功耗方向发展，微小的温度提升便会引起芯片的“热崩溃”，这对热管理效率提出了更高的要求。传统的散热方式将无法满足高发热器件的散热需求。石墨烯作为一种新型散热材料，可以有效释放电子器件工作时产生的大量热量，并延长器件的使用寿命。结合传统的纺织工艺，可以制作含有石墨烯热管理功能的布料，在炎热环境下实现快速散热致冷，而在严寒环境下利用焦耳热实现快速加热保暖（见图 4-21）。

除上述基于石墨烯的电子信息器件之外，石墨烯也可用于非易失

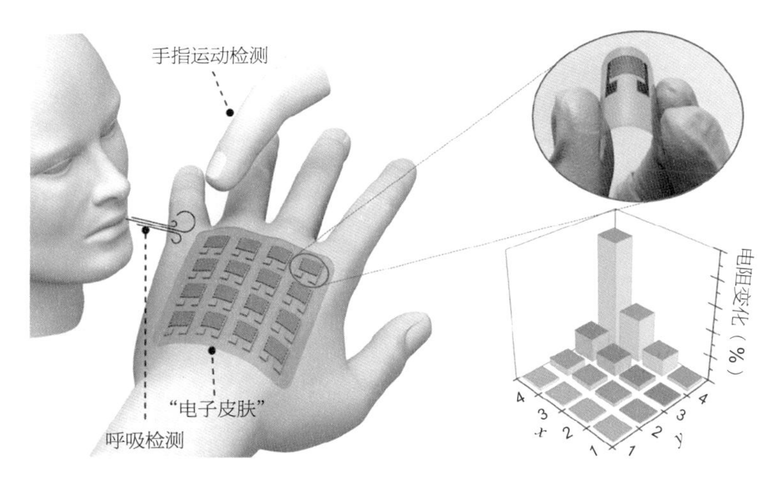

图 4-20　石墨烯柔性"电子皮肤"

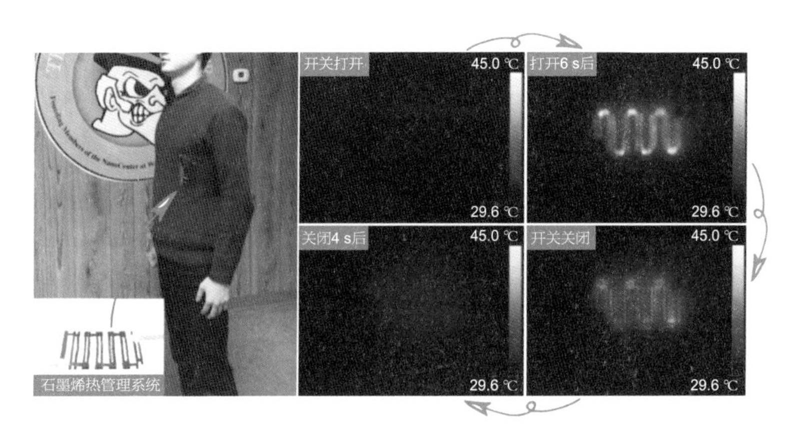

图 4-21　可穿戴的石墨烯热管理系统

性存储器[①]、仿生电子器件、太阳能电池等领域。

新能源："高能"预警

人类的生活离不开能源，包括煤、石油、天然气等传统能源，以及太阳能、风能、生物质能等新能源。相比于传统能源，新能源具有

① 非易失性存储器指电流关闭后，所存储的数据不会消失的存储器。

污染小、储量大的特点，对于解决当今世界严重的环境污染和资源枯竭问题具有重要意义。如何实现新能源的高效利用？下面将介绍几类典型的基于石墨烯的新能源器件。

超级电容器

超级电容器是一种应用广泛的新能源器件。在了解超级电容器为什么“超级”之前，首先来了解传统电容器。传统电容器，也称平行板电容器，由两块平行的金属导体极板作为电极材料，中间被绝缘材料隔开［见图 4-22（a）］。这种电容器的电容量与两块极板的正对面积成正比，与极板间的距离成反比，可存储的最大容量仅为几百皮法拉。相比之下，超级电容器的容量可达几百至上千法拉。超级电容器为什么具有如此大的容量？原因就在电极材料上。目前，超级电容器的主流电极材料是具有丰富孔隙结构和大比表面积的多孔炭，多孔炭可以提供尽可能多的储能界面［见图 4-22（b）］。超级电容器由金属电极、碳电极、电解液及浸泡在电解液中的隔膜组成。隔膜是电绝缘的，但可以使离子自由通过。石墨烯具有优异的化学稳定性、导电性和超大的比表面积，因而是一种理想的超级电容器电极材料。

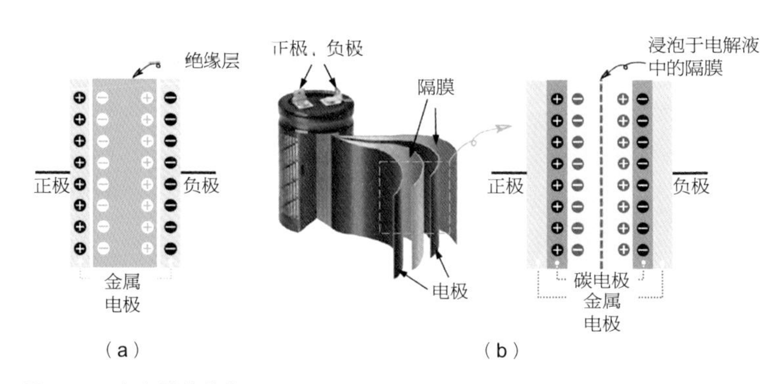

图 4-22　电容器的结构
（a）传统电容器；（b）超级电容器

锂电池

如果将可快速充放电的超级电容器誉为储能领域的“短跑冠军”，锂电池毫无疑问就是“长跑健将”。手机等电子设备都是依靠锂电池来供电的。其中，锂硫电池作为锂电池中的一名“新秀”，有望成为新一代储能器件。石墨烯在锂硫电池中扮演怎样的角色？

锂硫电池是以硫作为电池正极，锂作为负极的一种锂电池。锂硫电池主要依靠正负极之间发生电化学反应进行充放电。硫是一种环境友好、价格低廉的元素。采用硫作为正极的锂硫电池，理论比容量高达 1675 $mAh \cdot g^{-1}$，是使用传统正极材料的电池的 10 倍。石墨烯是优异的电子导体，同时具有力学强度高、比表面积大等优点，因此石墨烯在锂硫电池材料中可发挥两个关键作用。一方面，硫在正极与锂离子形成的多硫化物会溶解在电解液中，并与负极的锂直接反应，造成电量的降低。通过合理的结构设计与表面改性，石墨烯凭借其独特的二维结构可以将多硫化物“网住”，抑制其溶解，从而缓解电量的降低。另一方面，石墨烯与硫结合后可快速传输电子，弥补硫自身导电性差的缺点。查尔姆斯理工大学的颜·斯特兰德奎斯特（Yen Strandqvist）等人用还原氧化石墨烯制成多孔海绵状的气凝胶（见图 4-23），并将其作为锂硫电池的独立电极（见图 4-24），该锂硫电池的能量密度是传统锂离子电池的 5 倍以上。

图 4-23 还原氧化石墨烯气凝胶

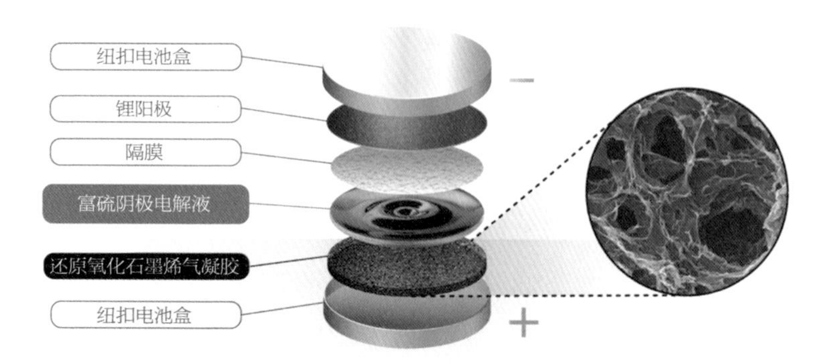

图 4-24 使用还原氧化石墨烯气凝胶作为锂硫电池的电极

太阳能电池

太阳能电池是一种将太阳能转化为电能的能源器件。随着国家对环保的重视，太阳能电池得到了大规模发展。石墨烯在太阳能电池中又扮演怎样的角色？石墨烯既像玻璃一样透光（可见光透过率高达97.7%），又具有高电导率。在太阳能电池中使用石墨烯，可以在实现太阳光高通量透过的同时，将电子接入高速导电网络，让电子快速传输到外接设备（见图 4-25）。

图 4-25 新型石墨烯太阳能电池

燃料电池

燃料电池是一种不经燃烧过程直接将化学能转化为电能的新能源器件（见图 4–26）。在燃料电池中，石墨烯主要起两个作用：一是作为质子交换膜，用于识别质子和燃料分子，使质子与氧气发生化学反应，同时阻止燃料分子通过；二是作为催化剂载体，将催化剂“联络”在一起，增加催化剂与燃料之间的接触面积，从而使更多的燃料与催化剂作用以提高反应效率。

在前面介绍的新能源器件中，石墨烯在电极材料、催化剂载体、质子交换膜等方面都发挥着关键的作用。随着石墨烯技术的不断发展，相信在不久的将来，生活中随处可见的新能源器件中都会出现石墨烯的身影。

生物医药：杏林高手

石墨烯在生物医药方面的用途主要体现在治疗和检测两大方面，具体包括“装载”药物、光敏剂、基因片段等，进行发热治疗、发光成像，以及生物体内化学分子的检测。

药物载体

随着生活水平的提高，人们对健康越来越关注。癌症是一大健康“杀手”，目前临床上较成熟的治疗癌症的方法包括化疗、放疗等手段，其治疗原理是用化学药物和放射线来杀死癌细胞。但这些治疗方法对人体具有很强的副作用，在杀死癌细胞的同时也会杀死正常细胞。因此，未来需要一种能够精准、高效杀死癌细胞的药物来帮助癌症患者恢复健康，减轻癌症患者的痛苦。

石墨烯经过氧化处理后，尽管其二维结构受到一定程度的破坏，但具有大比表面积和丰富的含氧官能团（环氧基、羟基、羧基等）。氧化石墨烯可以通过表面静电吸附、官能团修饰等方式“装载”许多抗癌药物（如阿霉素、抗体等），并与这些药物牢牢地“连”在一

图 4-26　石墨烯在燃料电池中的应用

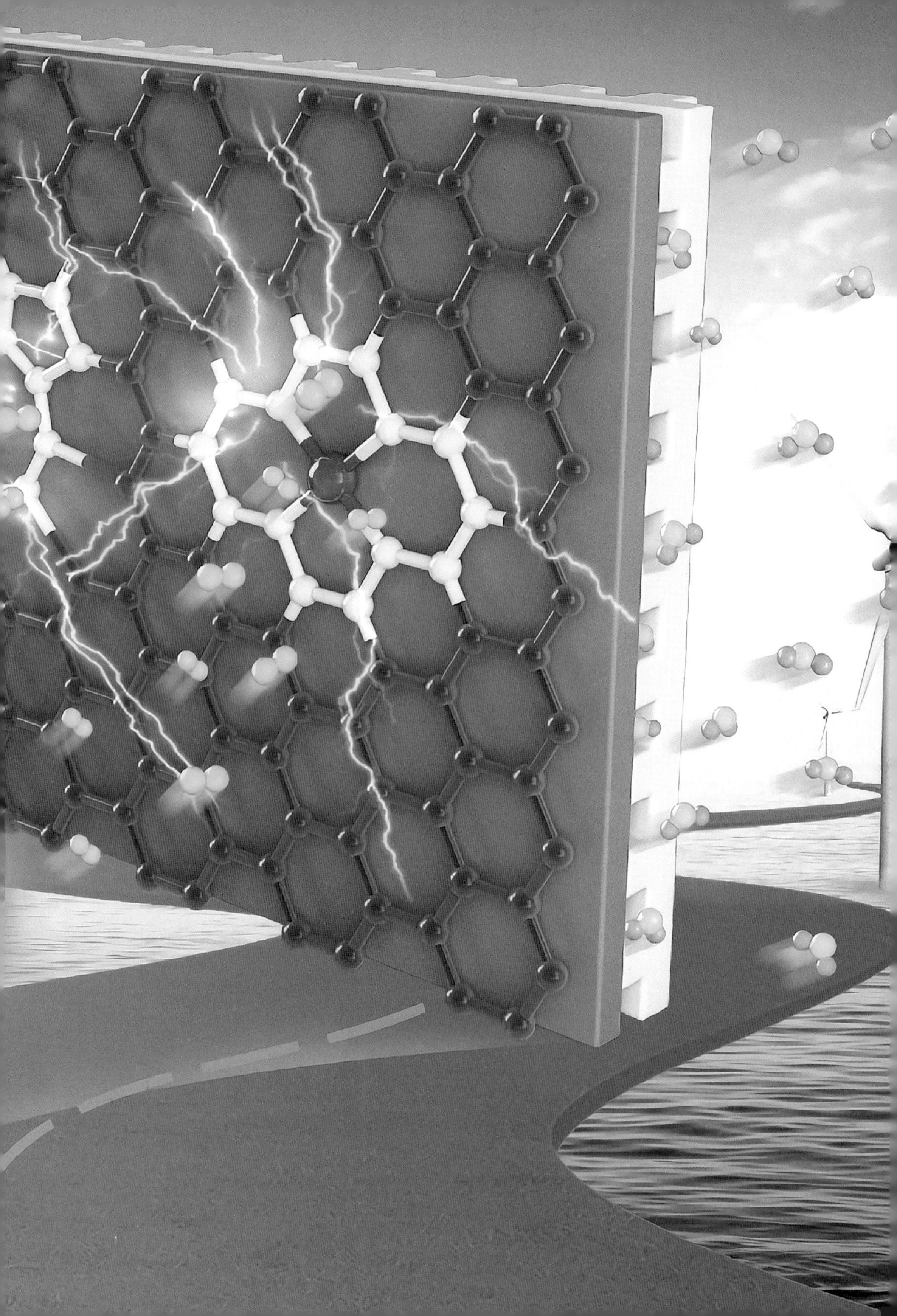

起，防止药物在患者体内自由扩散。在氧化石墨烯表面修饰某些能识别癌细胞表面受体的生物分子，就可以准确地将药物运送到癌细胞内。在治疗时，在一定的光、热、pH 值等条件下，氧化石墨烯与药物的结合力变弱，随即可以将药物缓慢释放出来。例如，近红外照射可以使氧化石墨烯表面发生扩张，pH 值变化可以“打断”氧化石墨烯与药物之间的结合键，等等。药物释放的同时，正常的细胞不会受到影响，药物杀死的只是癌细胞。

除了“装载”抗癌药物，氧化石墨烯还能通过表面修饰光敏剂用于光动力治疗（见图 4-27）。光动力治疗的原理是在光照下，某些对光照敏感的分子——光敏剂可将能量传递给周围的氧气，生成破坏力很强的活性氧，从而氧化甚至杀死目标物。早在 4000 年前，古埃及人就发现服用含有光敏剂的植物，并加以光照可以治疗白癜风。到了 20 世纪，随着激光技术的进步，光动力治疗开始广泛用于疾病治疗。

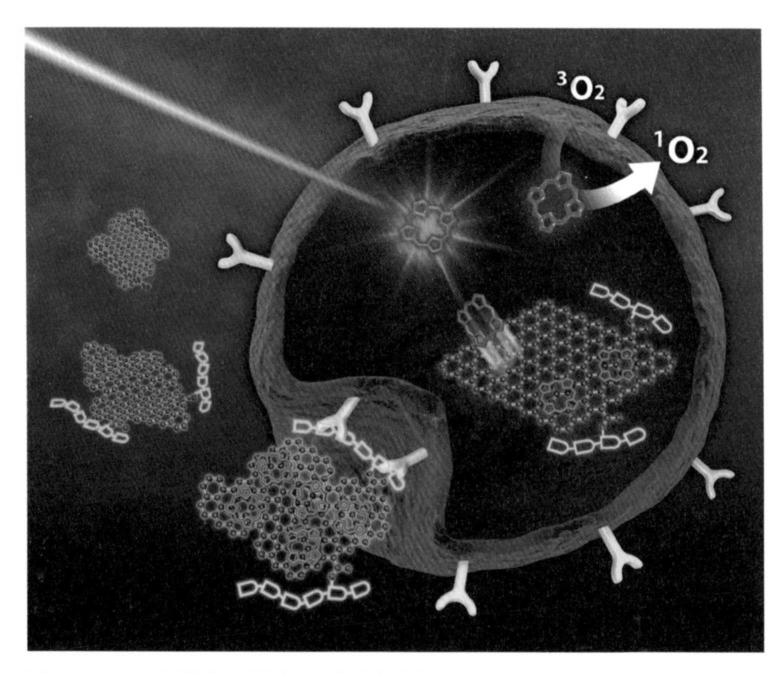

图 4-27　石墨烯搭载光敏剂用于光动力治疗

石墨烯还可以“装载”基因片段，在细胞内进行基因治疗。基因治疗是利用正常的基因片段修复癌细胞内异常的基因片段，或阻断癌细胞生长繁殖所需基因的表达过程。在基因治疗过程中，基因片段很容易在体内发生降解而破损，同时也不容易准确到达目的地，影响了基因治疗的效果。石墨烯“装载”基因片段时，充当了保护套的作用，使基因片段能够顺利进入细胞内部，而不被溶酶体等细胞器所降解，同时可以准确无误地将基因片段传递至目标细胞内。目前，在实验室研究中，石墨烯已经成功实现了对多种癌细胞的基因治疗，具有进一步临床应用的前景。

光热治疗

除了作为载体外，石墨烯本身就可以作为一种“药物”。基于光热转换的原理，在激光照射下，石墨烯的 π 电子被激发，π 电子在由激发态回到基态的过程中会以热的形式散失部分能量。因此，用光照射石墨烯后，石墨烯会发热，使周围温度升高至 50 ~ 60 ℃，从而将癌细胞“烫死”，因此该治疗方法也称为“光热治疗”。石墨烯具有优异的光热转换效率，可以作为一种潜在的癌症治疗手段。相比于化疗，光热治疗过程非常迅速且对患者的副作用较小。此外，除了以热的形式散失能量外，石墨烯在激光照射后自身也能发光。一旦石墨烯进入细胞内，在激光持续照射下，利用特殊的检测设备即可清晰地观察到细胞组织的形态，甚至发现肿瘤细胞所在的位置，而用于成像的激光波长与光热治疗所用的激光波长并不一样，避免了细胞的损伤（见图 4-28）。

除了借助于石墨烯自身的发光能力外，有些研究者通过在石墨烯表面搭载一些能发光的分子或者纳米材料，让石墨烯充当发光的载体，可以获得更好的成像效果并能准确地发现肿瘤组织的位置。还有些研究者通过减小石墨烯的尺寸，制备成石墨烯量子点来显著提升发光能力。除了作为发光的载体外，石墨烯表面连接一些磁性颗粒后，

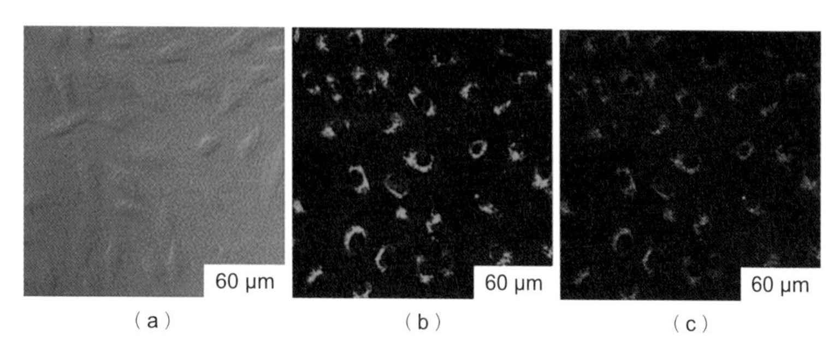

图 4-28　不同光照下激发石墨烯量子点后得到的细胞图像
（a）白光；（b）405 nm 波长激光；（c）488 nm 波长激光

还可作为运送磁性造影剂的载体用于磁共振成像，通过磁共振成像能清楚地观察人体内部结构。

生物检测

在生物检测中，常常利用电化学传感器快速检测待测分子的浓度。世界上最早的电化学传感器可追溯到 20 世纪 50 年代，当时该电化学传感器仅用于氧气分子的检测。20 世纪 80 年代，电化学传感器开始用于检测有毒气体。如今这些传感器已经广泛用于葡萄糖、蛋白质等生物分子的检测，检测原理如下：将具有生物识别能力的活性分子（酶、抗体等）附着在电极上，依靠活性分子与待测物发生反应，然后通过跟踪反应过程中电子的传递情况来获得待测物浓度（见图 4-29）。石墨烯附着在电极上可以显著提升电子传递速率，使检测时间大大缩短。2008 年，研究者们首次利用石墨烯构建了电化学传感器，实现了多巴胺、维生素 C 等分子的快速检测。

复合材料：琳琅满目

石墨烯与其他材料结合在一起形成复合材料（如石墨烯与聚合物、金属、无机物的复合等），可以显著改善原有材料的性能，提高使用效能。

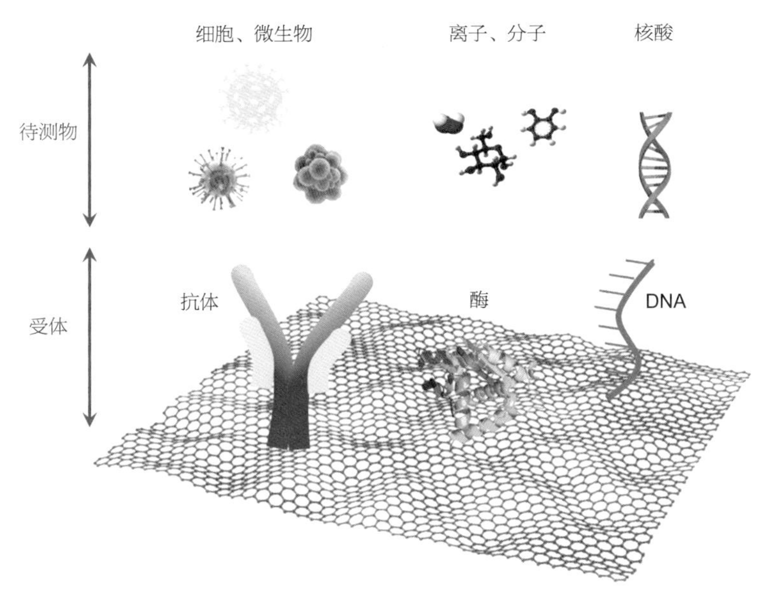

图4-29　石墨烯用于生物分子检测

石墨烯/聚合物复合材料

基于石墨烯优异的电学性能，将石墨烯添加到导电聚合物中可以制成石墨烯/导电聚合物复合材料。将这种复合材料作为电极材料，可以弥补导电聚合物单独作电极时循环寿命较短的问题。例如，石墨烯/聚吡咯导电复合材料可用作超级电容器的电极，表现出良好的储能性能。

基于石墨烯优异的力学性能，可以将石墨烯与某些具有特殊力学特性的聚合物复合在一起，制备高强度或高韧性的复合材料。例如，堪萨斯州立大学、纽约州立大学布法罗分校和普渡大学的研究者们将石墨烯与树脂结合，制备了具有复杂结构的石墨烯/树脂复合材料，该复合材料与原始树脂相比，力学性能显著提升（见图4-30）。

石墨烯/金属复合材料

石墨烯/金属复合材料也是研究的重点。相较于单一金属材料，

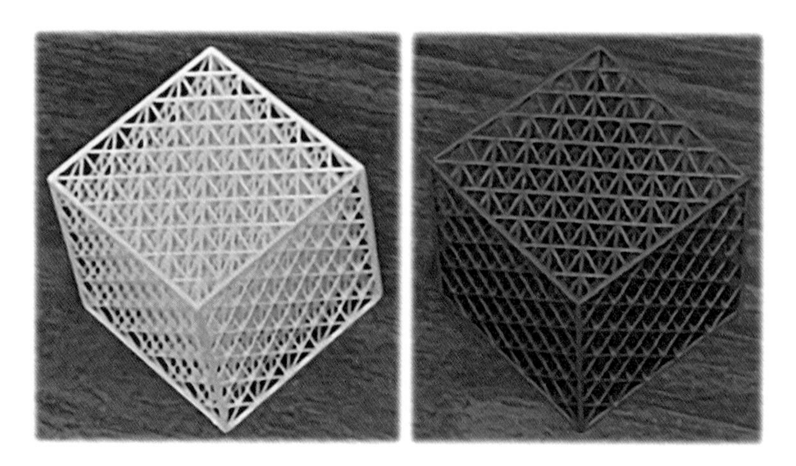

图 4-30 树脂（左）和石墨烯 / 树脂复合材料（右）

开发合金是改善复合材料整体性能的主要手段。早在 1906 年，研究者们就尝试在铝金属中加入铜、镁制成坚硬的铝合金用于制造飞机零部件。随着飞机、汽车等制造业对高强轻量化材料的要求越来越高，单纯添加金属元素的做法在性能优化上接近极限，过度的添加不仅会降低强度，而且会影响材料的加工性能。因此，陶瓷颗粒、碳纤维、碳纳米管等轻质材料陆续被用作金属复合材料的增强成分。石墨烯具有低密度、高力学强度、高导热性等优势，有关石墨烯 / 金属复合材料的研究也相继开展。例如为了避免石墨烯层片的堆叠，华中科技大学的朱福龙等人在铜基体内构筑了连续、致密的三维石墨烯网络，有效提高了石墨烯 / 铜复合材料的力学、电学、热学性能（见图 4-31）。石墨烯 / 金属复合材料可以进一步加工成更坚硬的防弹装备、更轻更耐磨的笔记本外壳和手机壳、更轻的羽毛球拍等，广泛应用于生产生活中。

石墨烯 / 无机物复合材料

石墨烯与无机物的复合同样受到了广泛关注。例如，在前面介绍的锂硫电池和镁硫电池中，以碳材料为基底，将纳米活性硫颗粒分散

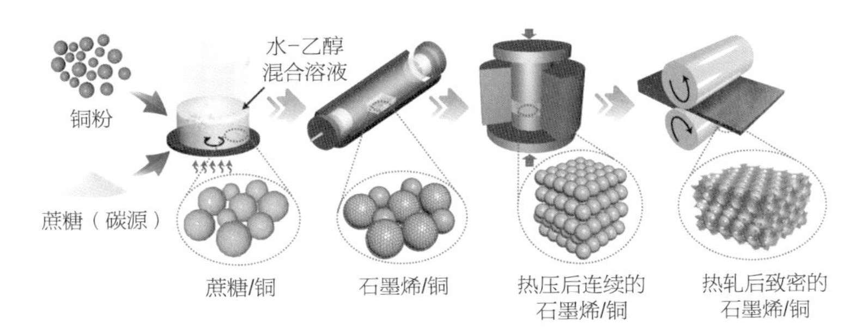

图 4-31 石墨烯 / 铜复合材料的制备过程

于其中制成复合材料，可以明显改善多硫化物溶解的问题。相比于其他碳材料，石墨烯具有良好的稳定性，高电导率以及与硫间较强的化学键合作用，是复合硫系阴极材料的极佳选择。例如，乌尔姆亥姆霍兹研究所的研究者以多硫化钠与还原氧化石墨烯为原料，制成了石墨烯 / 硫复合材料，并将其用作镁硫电池的阴极材料，显著提高了电池的容量，有效解决了自放电问题（见图 4-32）。

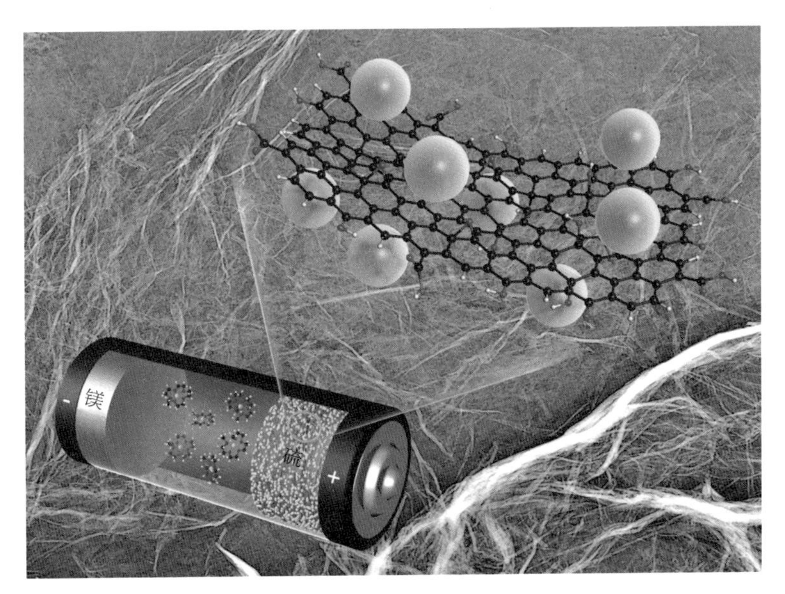

图 4-32 使用石墨烯 / 硫复合材料作电极材料的镁硫电池

环境保护：绿水青山

工业、农业活动造成的环境污染，特别是空气和水体中的有毒气体、重金属离子和有机污染物等，严重威胁着生态平衡和人类健康，已受到世界各国的广泛关注。因此，开发简单、灵敏、廉价的方法来检测和消除这些污染物势在必行。考虑到石墨烯具有大比表面积和强吸附能力，研究者们开发了许多高效吸附剂和光催化剂来去除和降解污染物。此外，基于石墨烯优异的电导率和光学特性，研究者们还设计了多种高灵敏的电化学和荧光传感器用于污染物的检测。

水体净化

目前，针对水体污染物，基于石墨烯的清除方法已逐步应用于环保领域。铅（Pb^{2+}）、镉（Cd^{2+}）、铬（Cr^{3+}、Cr^{6+}）、汞（Hg^{2+}）、铜（Cu^{2+}）和砷（As^{3+}）等重金属离子对环境和人类健康具有严重的危害，含重金属离子的工业污染废水已成为世界性的环境威胁。重金属离子容易通过食物链进入人体，逐渐累积会造成严重的毒性作用。氧化石墨烯比表面积大，边缘带有羟基、羧基、环氧基等含氧官能团，对金属离子具有极强的吸附性能，因此已用于重金属离子的去除，效果优于传统的活性炭材料（见图 4-33）。废水中的有机污染物，特别是油类和有机溶剂、酚类化合物等，也需要及时清除。研究表明，氧化石墨烯对酚类有机物有很好的去除效果，对苯酚、萘酚的吸附量很高，对萘、萘胺、酪氨素等也有良好的吸附去除作用。

空气净化

近年来，大气污染与雾霾天气、室内装修气体挥发、流行性病毒和细菌传播等现象引起广泛关注。根据世界卫生组织报告，空气污染物包括颗粒污染物、挥发性有机污染物、一氧化碳、氮氧化合物、硫氧化合物等。目前最常用的去除空气污染物的方法主要有过滤、吸附、光催化等，但现有的净化技术存在一些不足，如空气阻力大、容

图 4-33　氧化石墨烯吸附污染物

易产生二次污染、只能对单一污染物进行吸附等，综合净化性能差。因此，亟须开发工艺简单、绿色高效、无二次污染、多功能的空气净化技术。

石墨烯及其衍生物用于空气净化主要利用其对污染物的强吸附作用。CVD 法、液相剥离法等制备的石墨烯通常不适用于空气净化，而氧化还原法制备的氧化石墨烯具有更多的可修饰位点，通过改性、掺杂、负载等复合方式，可以获得更大的比表面积及优异的吸附性，能够高效去除空气中的颗粒污染物和化学污染物。

除了空气净化外，在环境监测中对毒性气体分子的检测尤为重要。近年来，许多气体传感器的设计都用到了石墨烯材料，其传感机制主要是利用石墨烯与待吸附气体分子之间的电荷转移所引起的电导或电阻变化（见图 4-34）。此外，通过在石墨烯中添加金属催化剂（如铂、钯、金等），可以进一步提高气体检测的灵敏度，用于多种有毒气体的检测。

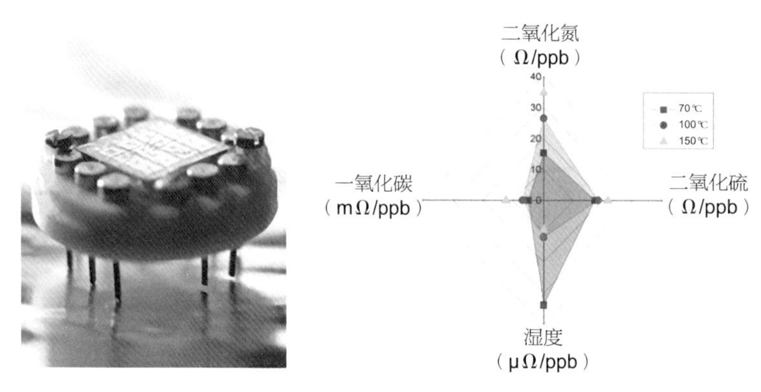

图4-34　石墨烯传感器对湿度、二氧化氮、一氧化碳、二氧化硫的探测（70 ℃、100 ℃、150 ℃）

土壤治理

除了水和空气外，土壤污染物的检测和治理同样至关重要。石墨烯在促进农作物生长和改善土壤环境方面具有潜在的应用价值。通过功能性小分子对石墨烯进行修饰，可以提高其检测污染物的选择性和灵敏度。此外，土壤与植物的生长息息相关，土壤为植物提供根系的生长环境。植物生长所需的水分、矿物质等是直接从土壤中摄取的。石墨烯具有比表面积大等特性，可以加强土壤对养分元素的吸附，提高根系细胞外部的电化学势梯度，促进矿物质离子进入根系细胞，从而促进幼苗生长。石墨烯表面的亲水、疏水基团所产生的桥联作用也可以促进植物对水分的吸收。研究表明，利用氧化石墨烯水溶液浇灌的土壤种植菠菜和香葱，可以实现早发芽、多发芽，培育的菠菜生长速度更快。此外，石墨烯对盐碱地的修复作用也很明显。石墨烯复合肥施入土壤后，可以提高土壤的持肥能力，增强植物对水分和养料的吸收潜力，促进植物根系生长，进而提高植物在干旱、盐碱等逆境中的生存能力（见图 4-35）。

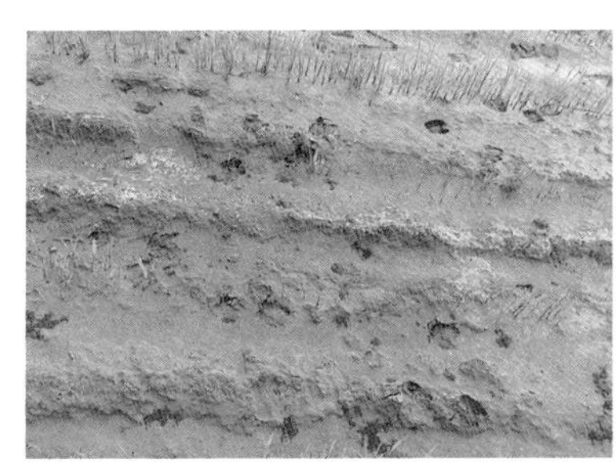

图 4-35　施加石墨烯复合肥前后的盐碱地植被生长情况对比

航空航天：星辰大海

基于石墨烯优异的性能，目前已开发出石墨烯吸波 / 电磁屏蔽材料、石墨烯光电探测器、石墨烯刹车材料、石墨烯轻质－高强－高导热材料等，在航空航天领域具有广阔的应用前景。

石墨烯吸波 / 电磁屏蔽材料

太赫兹是 0.1 ～ 10 THz 的电磁辐射，在电磁波谱中位于红外光与微波之间。太赫兹技术包括太赫兹无线通信、数据传输、太赫兹成像及太赫兹探测等，在民用科技及国防军事领域中具有重要的价值，如太赫兹无线数据传输系统的传输速度可以达到 10 ～ 100 Gbit · s^{-1}。在太空环境下，太赫兹波的传输几乎没有损耗，因此太赫兹信息通信技术有望成为太空数据传输的重要手段。随着太赫兹技术在电子设备、信息通信、雷达探测等前沿领域的推广，太赫兹隐身及屏蔽材料的研发备受关注，在电磁防护、信息保密、国防安全等方面具有重要的研究意义。

太赫兹屏蔽材料是指在太赫兹频段具备低透射率的材料，可有效降低太赫兹电磁信号之间的干扰，改善信号传输的环境，确保精密电子元件正常工作。此外，在通信、成像、传感过程中，太赫兹所携带的信息需要屏蔽材料进行保护，以免泄露。传统的反射型太赫兹屏蔽材料存在两个明显的缺点：一是太赫兹辐射干扰不能被完全消除，反射的太赫兹波仍然会对仪器内部的其他精密电子元件造成干扰；二是反射型屏蔽材料密度一般较大。太赫兹隐身材料是指在太赫兹频段具备低反射、高吸收的吸波材料。太赫兹隐身材料是隐身军用装备的关键部分。现有的太赫兹隐身材料只能在某个特定频率获得较高的吸收，合格带宽小、极化和入射角敏感等问题比较突出。因此，发展一种兼具优异的太赫兹隐身及屏蔽性能的轻质材料具有重要的科学意义和应用前景。石墨烯有利于电磁波的多重反射、散射损耗与热吸收，可用于吸波 / 电磁屏蔽领域。石墨烯阵列可吸收特定频率的入射光且不反射光，将石墨烯与基体材料复合，可获得具有宽频隐身 / 电磁屏蔽性能的复合材料，在航空航天领域具有巨大的应用潜力（见图 4-36）。

图 4-36　石墨烯阵列吸收特定频率的入射光

南开大学的黄毅等人制备了一种基于石墨烯和碳纳米管的超宽频雷达隐身和太赫兹隐身材料。通过优化石墨烯和碳纳米管的比例及热处理温度，这种复合材料在 0.1 ～ 1.6 THz 的完整测试频段内实现了 20 dB 以上的电磁屏蔽效能以及 15 dB 以上的反射损耗。同时，该复合材料的平均电磁屏蔽效能和反射损耗分别达到 61 dB 和 30 dB。此外，该复合材料对太赫兹的反射低于 1.1%（0.05 dB），远远低于传统的太赫兹屏蔽材料。

石墨烯探测器

光电探测器作为感知和获取光波信息的重要工具，可将光信号转化为可解析的电信号。光电探测器在军事和国民经济的多个领域具有广泛用途，包括射线的测量和探测、工业自动控制、影像成像、红外遥感等。由于石墨烯吸收光波的频率可以从紫外到太赫兹范围，因而基于石墨烯的光电探测器具有非常宽的探测范围，且响应时间短、灵敏度高，可用于深空探测等领域。

查尔姆斯理工大学的塞缪尔·拉拉阿维拉（Samuel Lara-Avila）等人利用石墨烯实现了两种太赫兹波的操控，其中一种是由本地太赫兹辐射源产生的频率已知的高强度太赫兹波，另一种是微弱的太赫兹波，以模拟来自太空的波。石墨烯将这两种太赫兹波混合在一起，输出了一种频率更低的千兆赫兹（GHz）频率的电磁波，从而可以使用标准的低噪声、千兆赫兹电子器件进行分析，达到精确识别天体内部运动的目的（见图 4-37）。

石墨烯隔音材料

近年来，新型声学材料备受关注，特别是多孔吸声材料已获得广泛应用。气凝胶是典型的多孔吸声材料之一，将气凝胶悬浮在飞机发动机内的“蜂窝”状结构中，可以获得显著的降噪效果。由氧化石墨烯和聚乙烯醇制备的气凝胶的密度仅为 2.1 kg · m^{-3}，是有史以来最轻的隔音材料，其制造者巴斯大学的马里奥·拉皮萨尔达

图 4-37　石墨烯
太赫兹
探测器

（Mario Rapisarda）称这种材料可以用作飞机发动机内部的绝缘材料，减少高达 16 dB 的噪声，可以使喷气式发动机发出的轰鸣声（100 ~ 150 dB）降到接近吹风机的音量。作为飞机发动机舱内的绝缘体，这种材料对发动机的总质量几乎不产生影响（见图 4-38）。

图 4-38　石墨烯气凝胶隔音材料

此外，将石墨烯与碳纤维、泡沫炭等材料结合，可制备具有轻质、高强度、高导热性的复合材料，经过优化设计，可用作飞行器系统的关键结构组件，在改善飞行器，如减少结构重量、提升有效载荷、提高机动性等方面均可获得应用。

健康生活：寻常百姓家

随着石墨烯相关技术的发展，石墨烯在健康生活方面具有应用价值，包括石墨烯加热保暖、加热除雾，以及细菌检测等。

石墨烯与加热保暖

电加热是工业与生活中常用的加热方式，在家用电器、家居保暖、工业设备、高端装备等领域发挥着重要作用。电加热的效果直接决定了系统的使用状况、能耗和效率。由于加热方式多种多样，产品形态也较为多样化。目前，常见的电加热方式主要有电热管加热、陶瓷加热与电磁感应加热等（见图 4-39）。

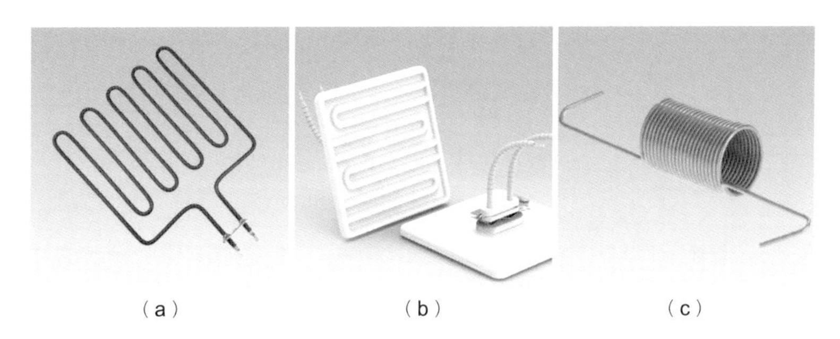

图 4-39　电加热方式
（a）电热管加热；（b）陶瓷加热；（c）电磁感应加热

石墨烯可以用于制备电加热器件。北京大学、北京石墨烯研究院的刘忠范等人将石墨烯与石英纤维复合，获得了兼具石墨烯优异导电性和石英纤维高力学性能的石墨烯 / 石英纤维，并研制了纤维织物，进一步加工成能实现近 1000 ℃高温的工业电加热器件（见图 4-40）。

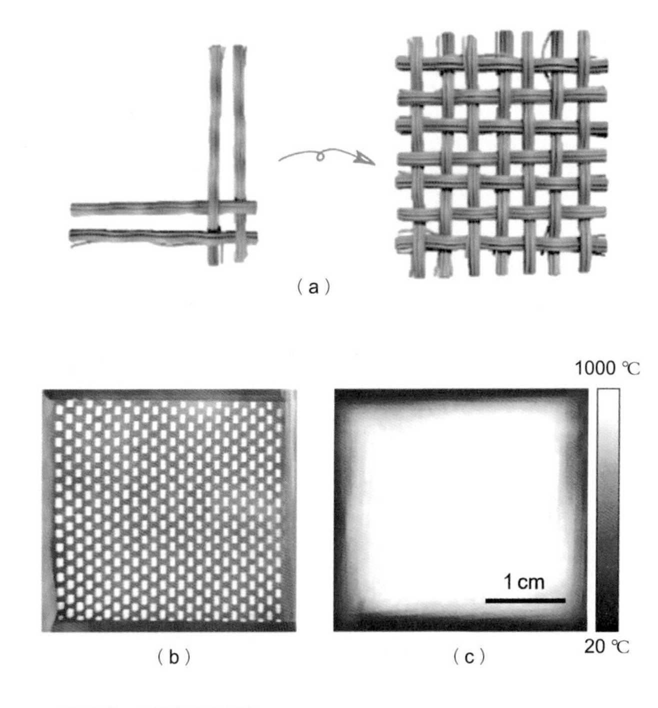

图 4-40　石墨烯 / 石英纤维织物
（a）编织过程；（b）实物；（c）红外图像

此外，研究者们发现了一种 CVD 法制备的石墨烯透明电加热器件。该器件具有轻薄、高柔性、高安全性等特点，可用作保暖发热产品的发热元件。例如，在 2018 年的韩国平昌冬奥会闭幕式上，为了防寒保温，表演运动员穿上了石墨烯智能保暖服。保暖服内嵌了石墨烯电加热器件以抵抗 -3 ℃的低温，保障运动员顺利完成“北京 8 分钟”的精彩表演（见图 4-41）。石墨烯电加热器件也可用作保暖、发热的可穿戴理疗产品，如护腰、护膝、护肩等。有运动损伤的患者或中老年人使用这类产品，可减缓身体局部的疼痛。从技术的发展趋势来看，未来的电加热器件将朝着轻薄化、均匀化、简单化的方向发展。

图 4-41　冬奥会表演运动员身穿石墨烯发热服

石墨烯与加热除雾

2019 年末，新型冠状病毒肺炎（Corona Virus Disease 2019，COVID-19）疫情爆发。COVID-19 病毒易经呼吸道飞沫、密切接触和气溶胶传播。在治疗 COVID-19 患者时，医务人员必须严格穿戴防护装备，这其中就包括护目镜。但是，长时间佩戴护目镜很容易起雾，影响视线，给临床治疗工作带来极大不便。

为了解决此问题，清华大学的冯冠平等人利用透明的石墨烯薄膜制备了电加热器件，并基于此制成了可快速加热除雾的护目镜。护目镜上外挂了一块小巧、轻薄的锂电池用以供电，驱动石墨烯电加热器件工作（见图 4-42）。由于单层石墨烯的透光率为 97.7%，护目镜的基材涤纶树脂也具有高透光率，该护目镜可以在不影响视线的同时实现快速加热除雾。此外，石墨烯电加热器件在通电工作时释放的红外线具有一定的理疗效用，可以促进医务人员眼周的血液循环，加强局部新陈代谢，有助于缓解因长期不间断的临床工作引起的眼部疲劳。受此应用的启发，石墨烯电加热器件也被应用于滑雪镜的除雾上。

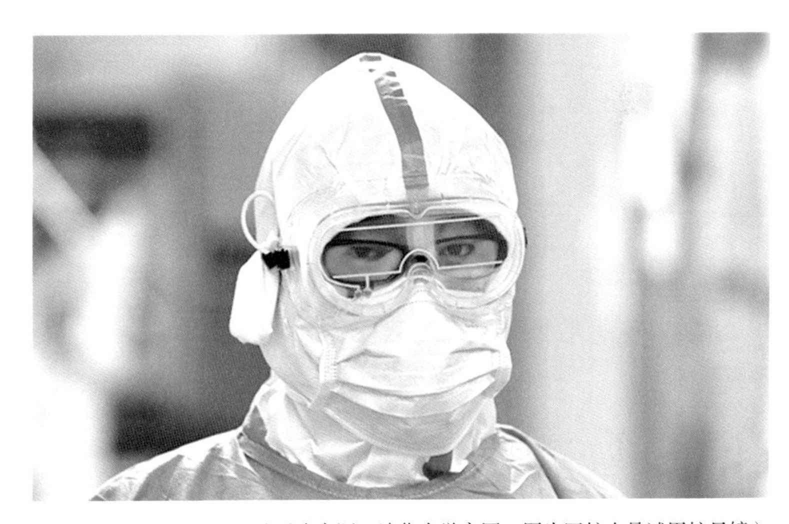

（照片来源：清华大学官网。图为医护人员试用护目镜）

图 4-42　石墨烯电加热除雾护目镜

石墨烯与细菌检测

细菌是人类疾病的主要诱因之一。细菌在人体内寄生后增殖而引起疾病的特性称为细菌的致病性或病原性。致病性是细菌的典型特性之一，如鼠疫细菌引起鼠疫，结核杆菌引起结核。各种细菌的毒力不同，并因宿主种类及环境条件不同而发生变化。同一种细菌也有强毒、弱毒与无毒菌株之分。病原菌的致病作用与其毒力、侵入机体的数量、侵入途径及机体的免疫状态密切相关。

在人体中，单个细菌就能引起外科感染和胃溃疡，所以体内细菌的监测尤为重要。普林斯顿大学的马努·曼努尔（Manu Mannoor）等人基于石墨烯的二维结构特点，制备了一种类似“文身”的牙齿传感器，能够在分子水平上检测细菌。当人呼吸时，这种牙齿传感器便搜集口腔内的“细菌情报”，并将其通过内置的无线信号装置报告给医护人员。这种传感器由石墨烯和丝绸复合而成，可以轻易地贴附在牙釉质上，检测呼吸和唾液的各项指标（见图 4-43）。

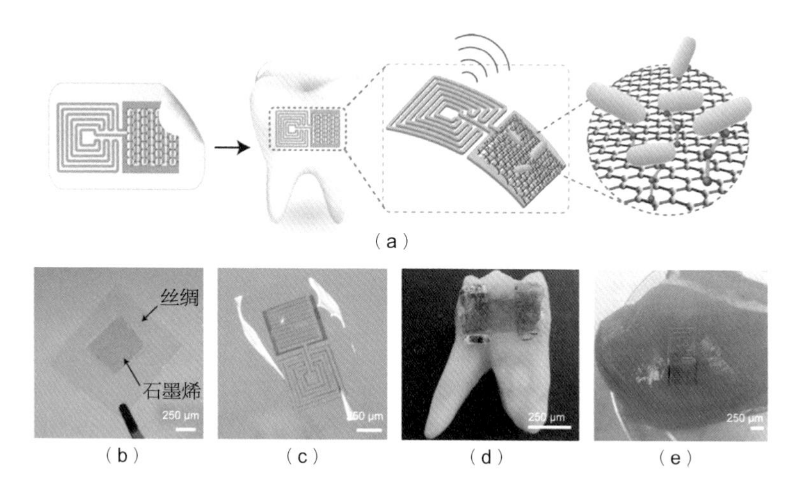

图 4-43 石墨烯细菌传感器用于呼吸和唾液检测
（a）石墨烯细菌传感器的结构及原理；
（b）石墨烯细菌传感器实物；
（c）石墨烯细菌传感器的无线信号装置；
石墨烯细菌传感器贴附于（d）人类臼齿和（e）肌肉组织表面

第5章　交锋

欲戴王冠——争议、舆论

石墨烯集力学、电学、热学、光学等多方面优异性能于一身，是具有颠覆性意义的新材料。然而，经过近二十年的发展后，石墨烯仅仅在科研论文中展示了各种“上天入地”的潜力，市场上尚未出现符合预期的高端应用产品，关于石墨烯性能真实性的质疑声相继出现。

性能之争：“矛盾统一体”

当石墨减薄到只有一个原子厚时，就产生了一系列非常神奇的特性，充分展现了“量变引起质变”这一朴素的哲学道理。石墨烯的特殊性体现在它所拥有的神奇特性看起来是互相矛盾的。可以说，石墨烯是一个典型的“矛盾统一体”（见图 5-1）。

例如，石墨烯是“刚柔并济”这一成语的完美体现。一方面，石墨烯的“刚”体现在其二维平面内的抗拉强度约为 42 N · m^{-1}，即 1 m 宽的单层石墨烯侧向可以承受 42 N 的力，其理论强度是钢的 100 倍以上。也就是说，若钢具有和石墨烯同样的厚度，则其抗拉强度仅为 0.084 ~ 0.40 N · m^{-1}。此外，石墨烯的硬度极高，可以与钻石（金刚石）相媲美。纽约市立大学的埃莉萨 · 列多（Elisa Riedo）等人制备出一种名为“Diamene”的新材料。“Diamene”源自“钻石”和“石墨烯”英文名称的组合（“Diamene” = “diamond” + “graphene”）。在自然状态下，“Diamene”像锡箔般柔软、柔韧。当对其施加压力时，“Diamene”就会变得坚硬，如同被子弹射中时会阻止子弹通过（见图 5-2）。利用这一特性，未来有望基于“Diamene”开发防弹材

图5-1　石墨烯的神奇性能

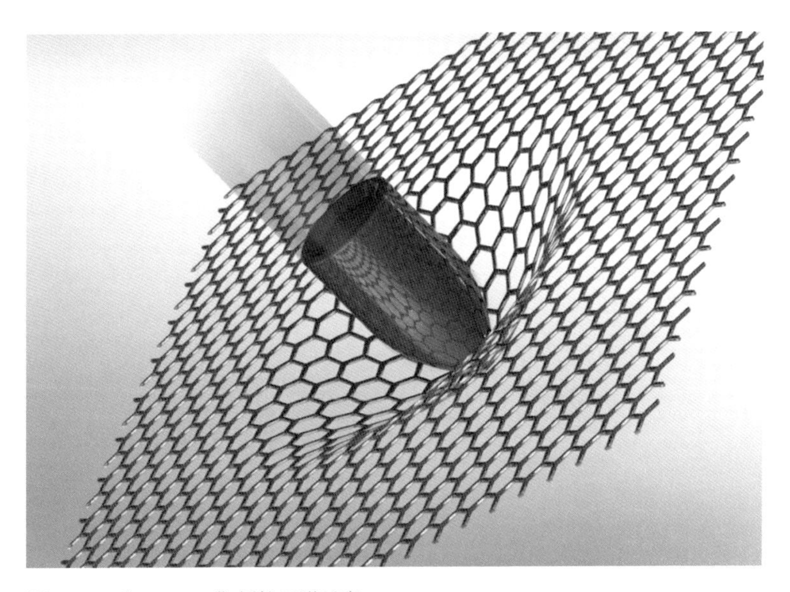

图5-2　“Diamene”抵抗子弹示意

料。“Diamene”的特性首先是通过计算机模拟出来的。在实验中，用AFM的探针对其施加压力后，两层石墨烯薄膜会转变为类金刚石薄膜，产生弹性变形及 sp^2 到 sp^3 的转变。

另一方面，石墨烯的“柔”体现在石墨烯薄膜可以任意弯曲，如成均馆大学的安钟贤（Jong Hyun Ahn）等人在铜基底上制备了石墨烯薄膜，经两次卷对卷操作后，石墨烯薄膜被转移到目标基底上，进一步加工成柔性屏（见图 5-3）。石墨烯柔性电子器件具有很好的稳定性，在几百次甚至几千次的反复拉伸作用下，仍能保持原有结构。

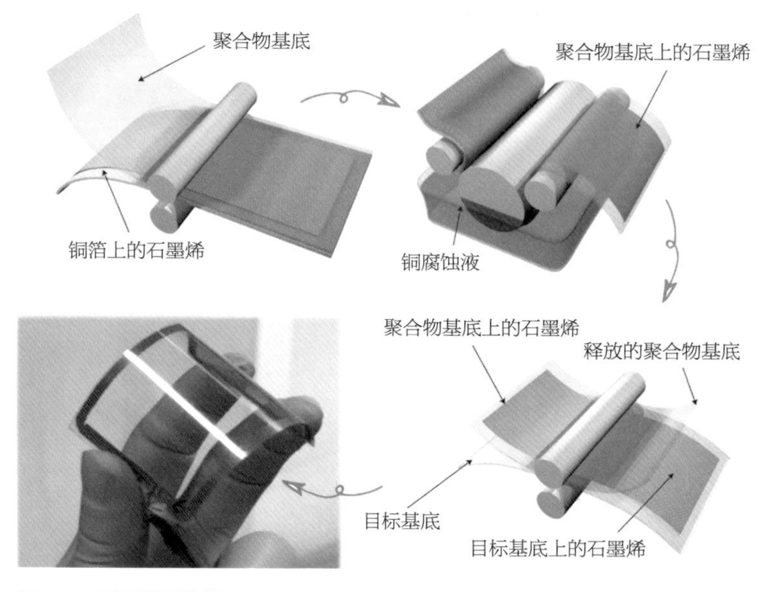

图 5-3　石墨烯柔性屏

石墨烯电学性能的特殊性体现在其中的电子不是常规的电子，而是“有效质量为零的狄拉克费米子”（量子场论中的一种粒子）。如第 3 章所述，室温下石墨烯的载流子迁移率一般可达 15 000 $cm^2 \cdot V^{-1} \cdot s^{-1}$，最高可达 200 000 $cm^2 \cdot V^{-1} \cdot s^{-1}$，是硅的 100 倍，对应的电导率为 1×10^6 $S \cdot m^{-1}$。因此，石墨烯被称为电子的“高速公路”。实际上，石墨烯的电学性能一直饱受争议，甚至一度有人认为石墨烯是“绝缘体”。研究者们也确实在实验室中制备出了接近绝缘体的石墨烯，如曼彻斯特大学的列昂尼德·波诺马连科（Leonid Ponomarenko）及诺贝尔物理奖得主海姆等人用两块硝酸硼和两片石墨烯组装成一个类似“巨无霸汉堡”的多层结构，消除了外界环境的影响并对石墨烯的电学性能进行控制，从而观察到类似于“黏稠蜂蜜”的电子输运行为。

此外，麻省理工学院的曹原等人发现“魔角”石墨烯可在“绝缘”和“超导”之间进行切换的现象。“超导”是物理学上一种奇特的物质状态，即在某些条件下，物质的电阻会变为0，电子在其中可以实现真正意义上的“来去自如”，并且会带来磁悬浮等奇妙现象（见图5-4）。在电流传输过程中，如何降低损耗一直是困扰物理学家的难题，如果能够实现超导，就能极大程度降低能耗，对国防、科技和工业都具有重要意义。

图5-4　磁悬浮

曹原毕业于中国科学技术大学少年班，博士就读于麻省理工学院。在初中物理课上，他的老师曾说过，金属的电阻率会随着温度的降低而降低，当温度趋于绝对零度就会呈现一种超导状态，这种材料如果能够在常温下被发现，那么世界就可能被颠覆。那时候的曹原牢牢记住了老师的话，在此后的人生中，一直在研究这个物理问题。

2018 年，22 岁的曹原发现，当两层堆叠在一起的石墨烯扭转成某个特定的角度（1.1°）时，电阻就会突然消失，石墨烯便从绝缘体变成了超导体，电子能够在其中畅行无阻。这一重大发现立刻引发关注，人们称这种结构为“魔角”（Magic-Angle）扭曲双层石墨烯（Twisted Bilayer Graphene，TBG）（见图 5-5）。“魔角”TBG 的发现对于人们深入理解超导机理，乃至开发室温超导体都具有重大意义，因此该工作被评选为 2018 年物理学十大突破之一，开辟了石墨烯研究的新领域，为研究超导带来了新的契机。这一年，曹原登上了《自然》年度十大科学家之首，他是该杂志创刊 149 年来年龄最小的入榜者。

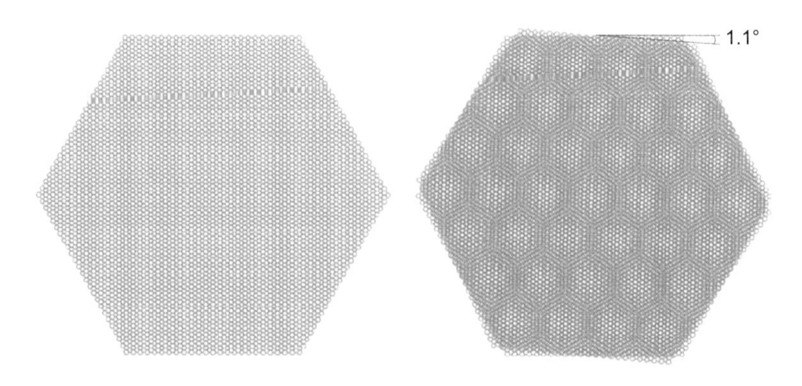

（图片来源：MIT News Office，文章标题：Insulator or superconductor？Physicists find graphene is both）

图 5-5　“魔角”TBG

2021 年，曹原再次在《自然》上报道了全新的“魔角”扭曲三层石墨烯（Magic-Angle Twisted Trilayer Graphene，MATTG）体系。理论认为，传统的超导材料在磁场超过一定强度（即超过临界磁场）后便会失去超导性，而 MATTG 体系在超强的磁场下仍具有超导性，且通过施加和改变外部条件可以调节这种结构的超导性。

2021 年，年仅 25 岁的曹原，已在《自然》《科学》等顶级期刊上以第一作者或通信作者身份发表近 10 篇成果，并荣获 2021 年凝聚态青年物理学家全球最高奖——麦克米兰奖，令全世界对中国刮目相看（见图 5-6）。

图 5-6　青年科学家曹原

在光学性能方面，第 3 章介绍过石墨烯是透明的，单层石墨烯的可见光透过率高达 97.7%。但从另一个角度来看，石墨烯吸收了 2.3% 的可见光，对于单原子层材料来说这一吸光率是非常高的（约为相同厚度砷化镓的 50 倍），而多层石墨烯的吸光率与其层数成正比。所以可以认为，石墨烯又不是那么“透明”，这也解释了为什么我们看到的石墨烯粉体或石墨是“黑”的了。

最后，需要说明的是，前面所述的石墨烯的性能都是基于纳米尺度的单层石墨烯的检测所得出的结果。如果将石墨烯组装成宏观材料，如一维的纤维、二维的薄膜、三维的气凝胶等，那么所显示出来的性能则不仅仅与石墨烯这一组分的性能有关，还与石墨烯层片之间的搭接方式（氢键、范德瓦耳斯力、离子键、共价键）、石墨烯的形态、石墨烯的尺寸、石墨烯与基底之间的结合、石墨烯与其他材料（聚合物、二维纳米片、三维网络、纳米管、纳米线、纳米纤维、纳米棒、纳米颗粒等）的复合等密切相关，任何一个因素都会制约石墨烯宏观材料的性能（见图 5-7）。因此，在石墨烯材料真正走向应用之前，必须要解决高品质石墨烯的大规模制备、宏观组装方式、微量分散、器件构建、结构性能调控等多方面的问题（见表 5-1），这还需要长期探究。

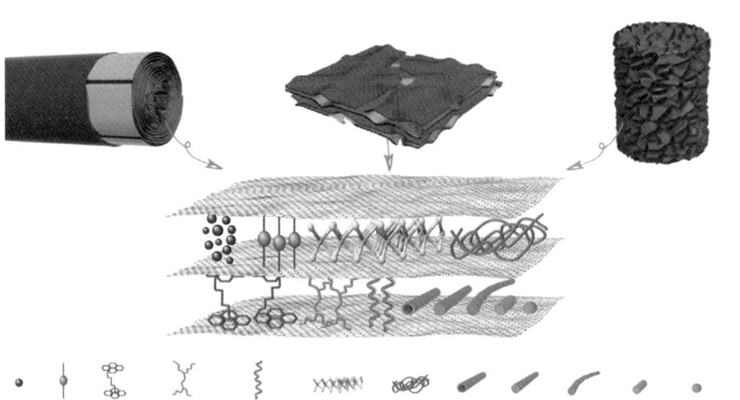

图 5-7　石墨烯层片组成宏观材料

表5-1　石墨烯"结构特征－性能特点－典型应用"关系

结构特征		性能特点	典型应用
	晶化	导电性 导热性 柔性	光电探测 光伏电池 导热膜 发光二极管 场效应晶体管
	缺陷	高灵敏探测	应变传感 生物传感 气体传感
微孔　介孔　大孔		界面 / 存储 大比表面积	电极材料 催化剂 分离 / 吸附 / 过滤 复合材料

应用之争："工业味精"与"撒手锏"

上有高性能原材料，下有应用需求，如果能集结石墨烯的众多优异性能并成功应用，可能会对当前产业带来颠覆性的变革。举例如下：

· 石墨烯的透明性、导电性和柔性用于制备手机和平板电脑的柔性触控屏；

· 石墨烯的抗渗性和导电性用于防护涂层和阻隔膜；

· 石墨烯的柔性、透明性及对多种物理化学信号的高灵敏度响应特性用于多功能"电子皮肤"等传感领域；

· 石墨烯的导电性、大比表面积和活性用于制备储能器件的电极材料。

目前，石墨烯在工业化应用中，通常发挥的是"工业味精"的作用，即仅添加少量石墨烯就可以在一定程度上对产品性能有"质"的提升。以复合纤维为例，只需添加千分之一甚至更低含量的石墨烯，即可实现纤维的抗菌、防紫外、远红外发射等多种功能，产品的附加值远高于添加石墨烯所增加的成本。

过去的十几年见证了石墨烯相关科学与技术的飞速发展。目前，石墨烯产业化应用仍然面临诸多问题和挑战。学术论文中所展示的石墨烯的优异性能和亮点成果（如石墨烯电池驱动玩具汽车，石墨烯纤维导线点亮电灯，石墨烯滤膜过滤海水等），在实际应用时却不尽如人意。对于石墨烯产品，有的良品率很低，有的无法规模化生产，有的使用寿命有限。事实上，从样品到产品，中间还有一道鸿沟。原型器件仅仅展现了石墨烯在各种场景下应用的可能性，而最终的产品则需要完全满足用户的使用需求。以史为鉴，回顾碳纤维的产业发展可知，材料的质量决定其应用。碳纤维从最初只能用于钓鱼竿到如今在航天领域占据不可替代的地位，正是因为制备规模和技术的不断提升，推动了碳纤维在不同领域的大规模应用。不仅碳纤维如此，钢铁、半导体、塑料、高分子等都经历过类似的发展历程。因此，在大规模应用之前需要先解决石墨烯及其衍生物材料的制备问题，开发出真正可控、可靠、高质量的批量制备技术。

刘忠范等人长期致力于石墨烯的核心技术研发与成果转化，总结了当前石墨烯产业化制备技术及石墨烯产业化制备过程中存在的问题，提出了“标号”石墨烯的概念和石墨烯的“撒手锏”级应用。全球石墨烯及其衍生物的市场按制造工艺分为三大产品板块：石墨烯纳米片（非氧化）、氧化石墨烯（或还原氧化石墨烯）、石墨烯薄膜（见图 5-8）。这些石墨烯产品在纯度、厚度、产量、横向尺寸、缺陷密度、成本、市场份额和应用领域等方面表现出显著差异（见图 5-9、图 5-10）。需要注意的是，石墨烯产业化制备不是对实验室制备过程的简单放大，材料批量制备的每一步和每一个细节都会面临新的挑战，对工艺的可重复性和安全性等都提出了更高的要求。例如，规模化制备石墨烯纳米片时，制备工艺、设备和原材料都会严重影响产品的性质。据调查，目前市场上部分石墨烯纳米片中，石墨烯

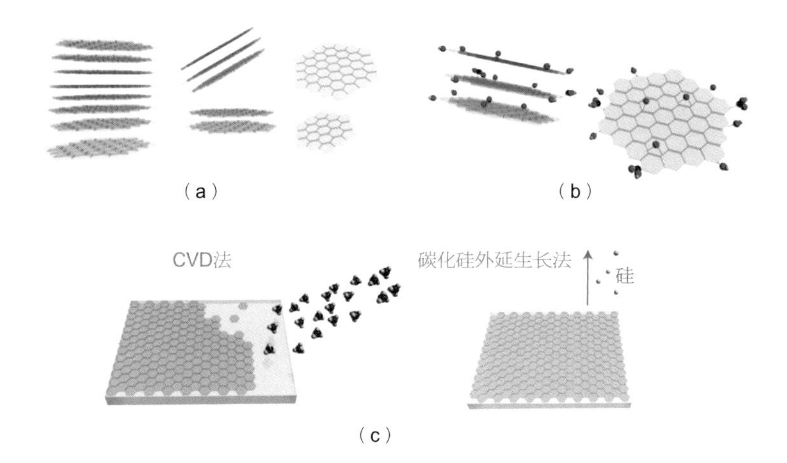

图5-8　石墨烯及其衍生物

(a)石墨烯纳米片；(b)氧化石墨烯；(c)石墨烯薄膜

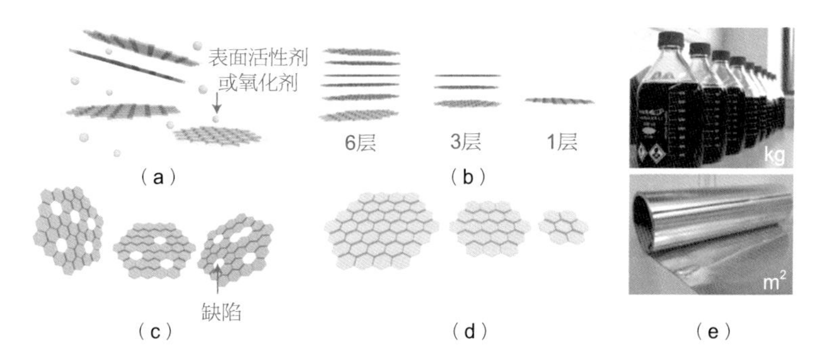

图5-9　石墨烯及其衍生物的内在性能指标

(a)纯度；(b)厚度；(c)缺陷密度；(d)横向尺寸；(e)产量

的含量低于50%且含有大量的杂质，均一度差，严重限制了石墨烯纳米片的进一步应用。

“料－材－器－用－控”这五个字概括了新材料从发现到应用的过程。对于石墨烯产业而言，首先要制备出高品质的石墨烯粉体、薄膜、浆料等材料，然后经过宏观组装制成膜、纤维、气凝胶、复合材料等中间产品，再制成器件并应用于某一具体场景中，这样才能实现石墨烯的真正应用。这一过程中的每一步都会涉及工艺、安全、成本、环保、健康、营销等多方面的控制，只有打通所有环节才可能

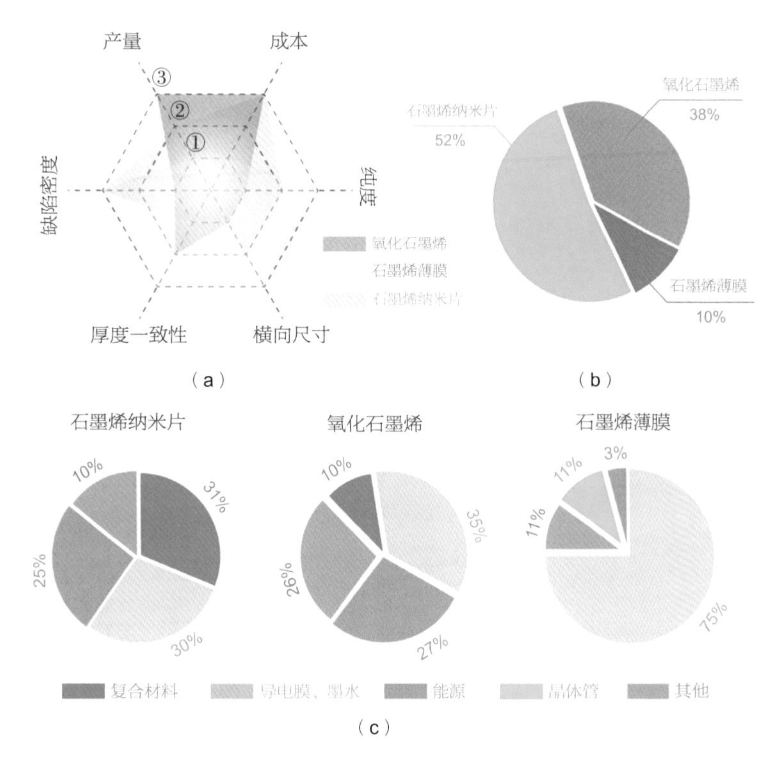

图 5-10　石墨烯及其衍生物的比较

（a）内在性能指标；（b）市场份额；（c）应用领域

（*注：数字①、②和③分别表示低、中和高水平）

真正实现石墨烯的大规模应用。石墨烯的应用不应仅局限于充当“工业味精”，石墨烯的“撒手锏”级应用将成为石墨烯产业发展的推动力。目前，石墨烯量产技术已经基本满足了大规模应用的可能性，下游的应用方向也已经取得一定的进展。众多企业相继推出了石墨烯电极添加剂、石墨烯复合纤维、石墨烯复合涂料等产品，但还需要更多的时间来打通其中的关键节点，逐步告别“粗放式”应用，最终实现石墨烯的“撒手锏”级应用。

安全之争：利弊权衡

石墨烯的安全性主要包括生物安全性和生产安全性。当一种新材料出现时，必须要关注它可能带来的新的或者未预料到的风险。这并不是说这种材料的生物或毒理效应是新的，而是需要了解其物理化学特性，关注它与其他生物和环境的关系，确保应用过程中的安全性。近年来，纳米材料的广泛应用使其不可避免地释放到环境（空气、水体和土壤）中。纳米材料在水体和土壤中对植物生长的影响关乎植物的品质与产量，在植物体内的积累还会间接地对人类健康造成威胁。纳米材料在空气中则存在被人类直接吸入、摄入或与皮肤接触的潜在风险。针对纳米材料的毒性及其对植物生长的影响的研究是其大规模应用的前提，对材料的应用方式、应用场景及排放量的控制均具有指导意义。因此，石墨烯材料对植物、动物等生命体的影响及毒性研究至关重要，对人类健康及农业生产的潜在风险也需要及时关注。

石墨烯的生产、使用、老化、废弃/回收是石墨烯的完整生命周期。在这一过程中，石墨烯对环境及人体的影响是不容忽视的（见图5-11）。研究表明，石墨烯对巨噬细胞的毒性不明显，经过一段时间后，毒性可被免疫细胞充分降解。当然这些研究结果与石墨烯自身的物理化学特性（如尺寸、厚度、含氧量、改性等）以及石墨烯与环境的接触方式都有关系。对石墨烯毒性的深入研究还需要更复杂的系统，以及更接近实际环境的风险评估。欧盟石墨烯旗舰计划是欧盟委员会发起的“未来与新兴技术旗舰计划”中的首批技术旗舰项目之一。近年来，欧盟石墨烯旗舰计划设立了健康与环境工作组，专门研究石墨烯和其他二维材料对人类健康和环境的潜在安全风险及解决方案。其中一项研究表明，石墨烯对于职业性的长期接触是安全的（安

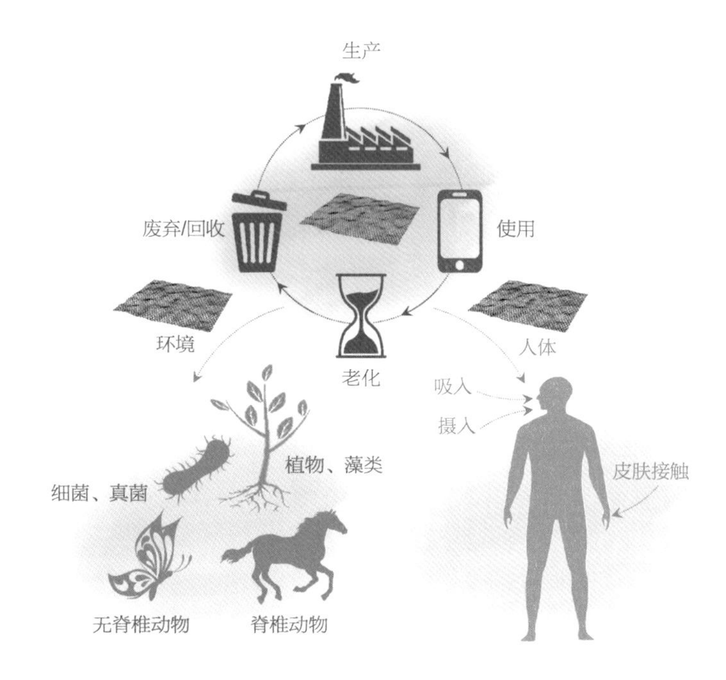

图 5-11　石墨烯的生物安全性

全性取决于颗粒的大小，纳米级的石墨烯是安全的），但应避免氧化石墨烯的吸入。另一项研究表明，石墨烯和二维材料会降低植物花粉的活性，但对活体生物的影响较小。

纳米技术可增强农业的可持续性发展。例如，纳米肥料（如纳米尺度的营养物、纳米级包膜肥料）和纳米农药（如活性成分纳米制剂、无机纳米材料）可有效控制农用化学品的释放，提升利用效率，同时避免过量化学品流失造成的环境污染。石墨烯和氧化石墨烯在农业领域具有应用潜力，其良好的吸附性能使其可作为化肥载体，实现化肥缓慢、可控的释放。因此，氧化石墨烯在植物中的积累量对生物安全性的评估至关重要。在自然环境中，植物往往与多种污染物相伴存在，此时需要重点考虑石墨烯对植物的间接毒性。

除了生物安全性外，石墨烯的生产安全性同样不容忽视。石墨烯的生产常常涉及高温、高压、危险化学品、工业三废等问题。这些问题并不是石墨烯的生产过程中所独有的，而是整个材料或化学产业中均会涉及的。石墨烯的生产厂家应具有社会责任感，从石墨烯制备的整个生命周期的安全性出发，充分考虑人员、生产、设备、环境的安全，开发合适的生产技术和控制手段。

成本之争：性价比求证

关于成本，首先要说明一个概念，售价不等于成本。从生产的角度来说，成本包含了直接材料成本、直接人工成本、制造费用等。售价是在成本的基础上再增加税、利润空间等。

石墨烯的成本与产量、质量、市场供需直接相关。以我国的石墨烯产业化为例，我国石墨烯粉体的年产量约 2000 吨，而石墨烯薄膜的年产量约 $3.5 \times 10^6\ m^2$，已经实现了石墨烯的宏量制备且在世界范围领先（见图 5-12）。然而，石墨烯产品的生长工艺、原材料、设备甚至生产批次不同，产品质量和性能差别很大。例如，对于石墨烯粉体，尽管其产量不断提高，但是层数、纯度、杂质含量、晶畴尺寸的差异明显，很难达到统一的标准。良莠不齐的产品质量，导致有关石墨烯性能和应用方面的报道五花八门，甚至夸大其词。而不同批次的石墨烯薄膜则在尺寸、均匀性等方面存在十分明显的差异（见图 5-13）。尽管近几年，实验室级的石墨烯薄膜的尺寸不断提升，实现了从 2009 年的 10 μm 晶片到目前晶圆级单晶的飞跃，但是实验室制备与工业化生产之间仍然存在一道鸿沟。不同公司生产的石墨烯薄膜的电学性能等重要性能指标差别很大，产品品质难以控制，使得石墨烯的性能发挥不稳定，符合应用标准的石墨烯产品的产量并不乐观。

刘忠范等人提出在提高石墨烯质量的同时，要重点解决石墨烯标准化的问题。这同样可以借鉴碳纤维的发展历程：以东丽公司碳纤

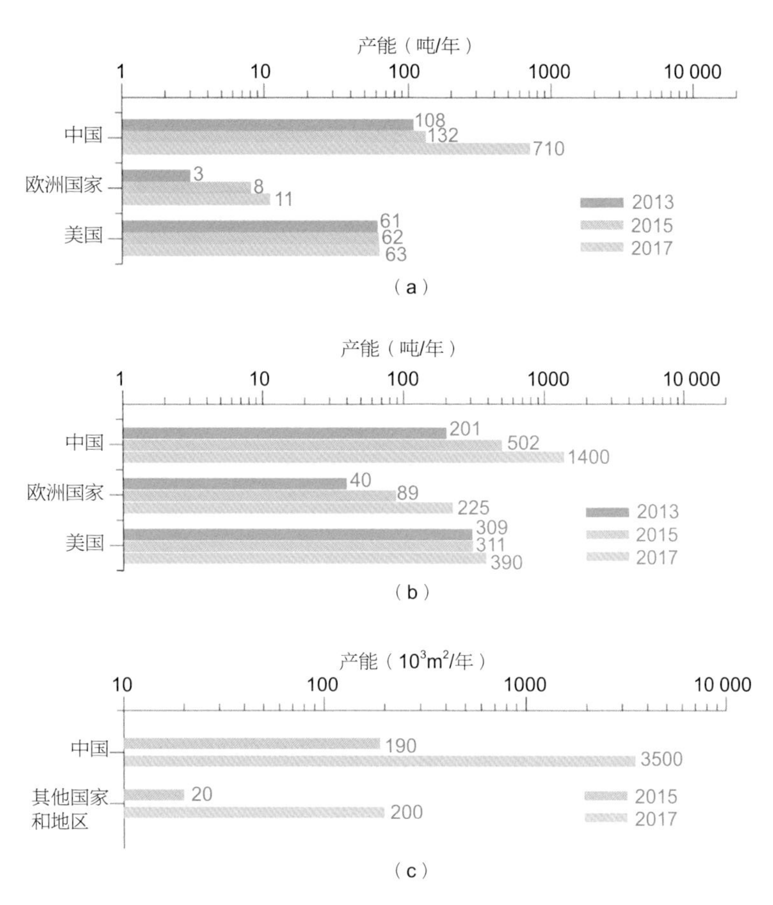

图 5-12　世界范围内石墨烯产品的产能分析
（a）氧化石墨烯；（b）石墨烯纳米片；（c）石墨烯薄膜

维标号为例，碳纤维系列产品型号的确立（如 T300、T400、T700 和 T800 是按抗拉强度划分等级）使碳纤维产品更容易找到下游的“消费者”，即有针对性的应用市场。反之，这也进一步促进了特定型号碳纤维产品的规模化制备，形成良性循环。目前，整个碳纤维产业均采用统一的标号规则。因此，如何订立标号是整个石墨烯产业所面临的重大课题。一方面，石墨烯标号规则应涉及石墨烯的基本结构指标（晶畴尺寸、层数、平整度、纯度、掺杂度等）和内禀性质（迁移率、

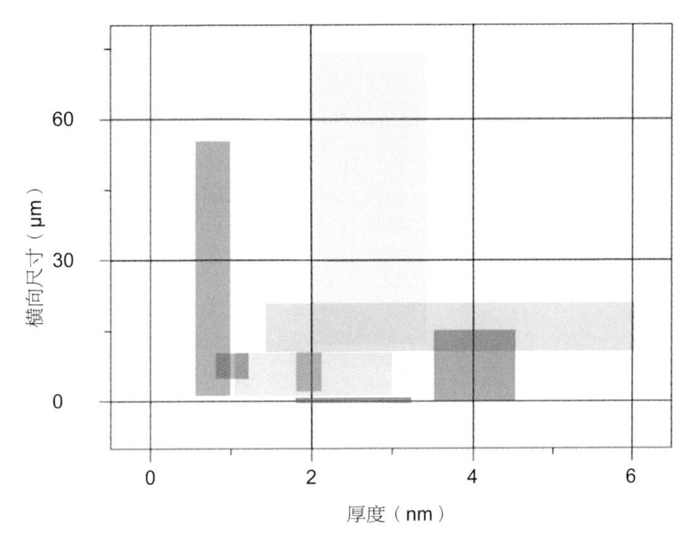

图5-13　不同公司石墨烯纳米片厚度和横向尺寸统计
（*注：统计了美国、中国、加拿大、日本和西班牙的8家公司的商用石墨烯纳米片的横向尺寸和厚度）

电导率、透光率、热导率等）。同时，由于石墨烯的不同应用领域对石墨烯的质量和性能提出了不同的要求，标号规则应针对不同的应用场景。另一方面，统一的检测手段也不可或缺，这将有利于对不同石墨烯产品的性能和品质进行快速、可信的比较。

总而言之，随着生产技术的成熟、市场供需关系的变化，石墨烯的成本也将发生变化。目前，符合应用标准的石墨烯的生产规模，相对传统行业来说都是极小的，存在技术不成熟、产业不聚集等现象，原料成本、设备改造成本、应用研发成本等都在逐渐抬高石墨烯的实际成本，而石墨烯下游应用市场逐步打开，石墨烯标准化体系的逐步建立，将反过来促进石墨烯生产规模的扩大，也将大幅降低成本，实现石墨烯性价比的最大化。从目前石墨烯产业化进程来看，随着石墨烯应用市场的不断开拓，石墨烯材料和产品的价格将越来越亲民。

没人能够预测石墨烯产业的未来，就像一开始没有人可以知道碳纤维最后可以在航空航天等诸多领域实现商业化应用。石墨烯的产业化不是一朝一夕可以实现的。制备决定未来，只有在石墨烯制备上不断精进，才会迎来石墨烯产业的朝阳时代。

第 6 章　曙光

必承其重——坚持、正名

前面几章介绍了碳家族的成员、石墨烯的发现史、石墨烯的制备、结构、性能、应用以及关于石墨烯的热点话题。集成了诸多优异特性、被誉为“新材料之王”的石墨烯，在全球范围内处于何种地位？各国的石墨烯产业发展有何特点？本章将解读重点国家和地区的石墨烯产业发展态势。

石墨烯之国际视野

当前，全球石墨烯产业已进入高速发展期，石墨烯技术和产品的优越性初露头角。随着石墨烯产业化进程的加快，又一场颠覆性的产业革命或将到来。中国、欧美、日韩等近 80 个国家和地区将石墨烯材料提升至战略高度，相继投入数十亿美元用于石墨烯材料的研发。

在此背景下，全球石墨烯产业呈现出遍地开花、各具特色的多元化发展态势。其中，美国呈现多元布局，体系完善，国防特色鲜明的特点；欧洲国家瞄准未来应用，基础研究扎实，但产业进程缓慢；日韩的产学研合作紧密，龙头企业推动效应显著；中国的石墨烯产业化取得快速发展，石墨烯规模化制备能力不断提升，市场应用潜力巨大。中国石墨烯产业技术创新战略联盟产业研究中心（China Innovation Alliance of the Graphene Industry Research，CGIA Research）统计了国外石墨烯项目的投入情况，见表 6-1。

表6-1 国外石墨烯项目的投入情况

	资助单位	资助金额	重点方向	时间	总额
美国	美国国家航空航天局	850万美元	空间动力与储能、纳米技术	2011年—至今	19.68亿美元
	美国国家自然科学基金会	15.21亿美元	复合材料、电子器件开发、生物传感器、“魔角”石墨烯、碳基芯片、量子技术、光子器件、通信技术等	2006年—至今	
	美国国防部	4.12亿美元	纳米材料、二维聚合物、合成电子、薄膜电子等	2008年—至今	
	美国能源部	2000万美元	光伏发电、润滑剂、复合材料、快充电池、纳滤膜、量子材料等	2009年—至今	
	美国农业部	280万美元	传感器、土壤修复等	2017年—至今	
	美国商务部	350万美元	石墨烯材料及器件	2011年—至今	
欧盟	欧洲研究委员会	2.85亿欧元	石墨烯基础研究和应用研究	2008—2027年	22.09亿欧元
	欧盟委员会	10亿欧元	石墨烯旗舰计划	2013—2023年	
		4.3亿欧元	欧盟第七框架计划	2007—2013年	
		4.51亿欧元	地平线欧洲计划（2020）	2014—2020年	
		4330万欧元	石墨烯基础研究和应用研究	2011—2015年	
英国	英国工程与物理科学研究委员会	2.36亿英镑	石墨烯基础研究和应用研究	2006—2027年	2.93亿英镑
	英国研究与创新署	381万英镑	传感、太赫兹等	2019—2024年	
	英国经济和社会研究委员会	14万英镑	射频识别	2020—2021年	
	英国生物技术与生物科学研究委员会	15万英镑	生物医药	2015—2022年	

续表

<table>
<tr><th colspan="2">资助单位</th><th>资助金额</th><th>重点方向</th><th>时间</th><th>总额</th></tr>
<tr><td rowspan="2">英国</td><td>英国创新署</td><td>5152万英镑</td><td>石墨烯基础研究和应用研究
电子信息、复合材料</td><td>2012—2022年</td><td rowspan="2">2.93亿英镑</td></tr>
<tr><td>英国自然环境研究委员会</td><td>179万英镑</td><td>光电材料</td><td>2015—2023年</td></tr>
<tr><td>日本</td><td>日本文部省和学术振兴会</td><td>721.65亿日元</td><td>石墨烯基础研究和应用研究</td><td>1994—2027年</td><td>721.65亿日元</td></tr>
<tr><td rowspan="3">韩国</td><td>韩国教育科学技术部等</td><td>1870万美元</td><td>90项石墨烯相关项目</td><td>2007—2009年</td><td rowspan="3">3.11亿美元</td></tr>
<tr><td>韩国原知识经济部</td><td>2.5亿美元</td><td>石墨烯技术研发和商业化应用研究</td><td>2012—2018年</td></tr>
<tr><td>韩国产业通商资源部</td><td>4200万美元</td><td>石墨烯的应用产品和相关技术商业化</td><td>2013年</td></tr>
</table>

（数据来源：CGIA Research）

美国：强军工力量介入

美国的石墨烯产业布局呈现多元化，从石墨烯的创新研究，到石墨烯的产品生产，再到石墨烯的下游应用，已经形成相对完整的产业链，特别是在石墨烯产业化应用上的推广与发展，比欧洲力度更大。据 CGIA Research 统计，截至 2022 年 7 月，美国在国家层面上对石墨烯领域相关项目的资助金额高达 19.68 亿美元，涉及复合材料、电子器件、航空航天、军工装备等领域。

自 2008 年起，美国便开展石墨烯领域相关技术研究和产业化布局，投入力度较大（见图 6-1）。除了国家自然科学基金会外，美国国家航空航天局、美国国防部、美国能源部等国防军政相关机构也大力支持石墨烯的研发工作。美国是全球石墨烯领域唯一有军队、国防部高度参与研发支持与推广的国家。

（数据来源：CGIA Research）

图 6-1　美国对石墨烯项目的投入情况

欧盟：多战略系统布局

石墨烯诞生于欧洲。自 2006 年起，欧盟便将石墨烯研究提升至国家战略高度进行布局，起步早且系统性强。截至 2022 年 7 月，欧洲已经投入 20 多亿欧元重点支持基础材料与理论研究、医疗健康、电子 / 光电子、能源及复合材料等领域。此外，欧盟推出的“地平线欧洲计划”是欧盟正在进行的 7 年（2021—2027 年）科研创新资助计划，总预算约为 1000 亿欧元。

欧盟石墨烯旗舰计划共投资 10 亿欧元，自 2013 年 10 月正式实施，旨在通过长期的、多学科的研究和发展来解决当前的重大科技挑战（见图 6-2）。目前，已有 22 个欧盟成员国和伙伴国的 170 多个组织及单位参与其中。

2020 年，欧盟石墨烯旗舰计划进入第三阶段，工作重点由基础研究转向市场应用。这一阶段重点围绕“石墨烯核心中试线”开展工

图 6-2 欧盟石墨烯旗舰计划

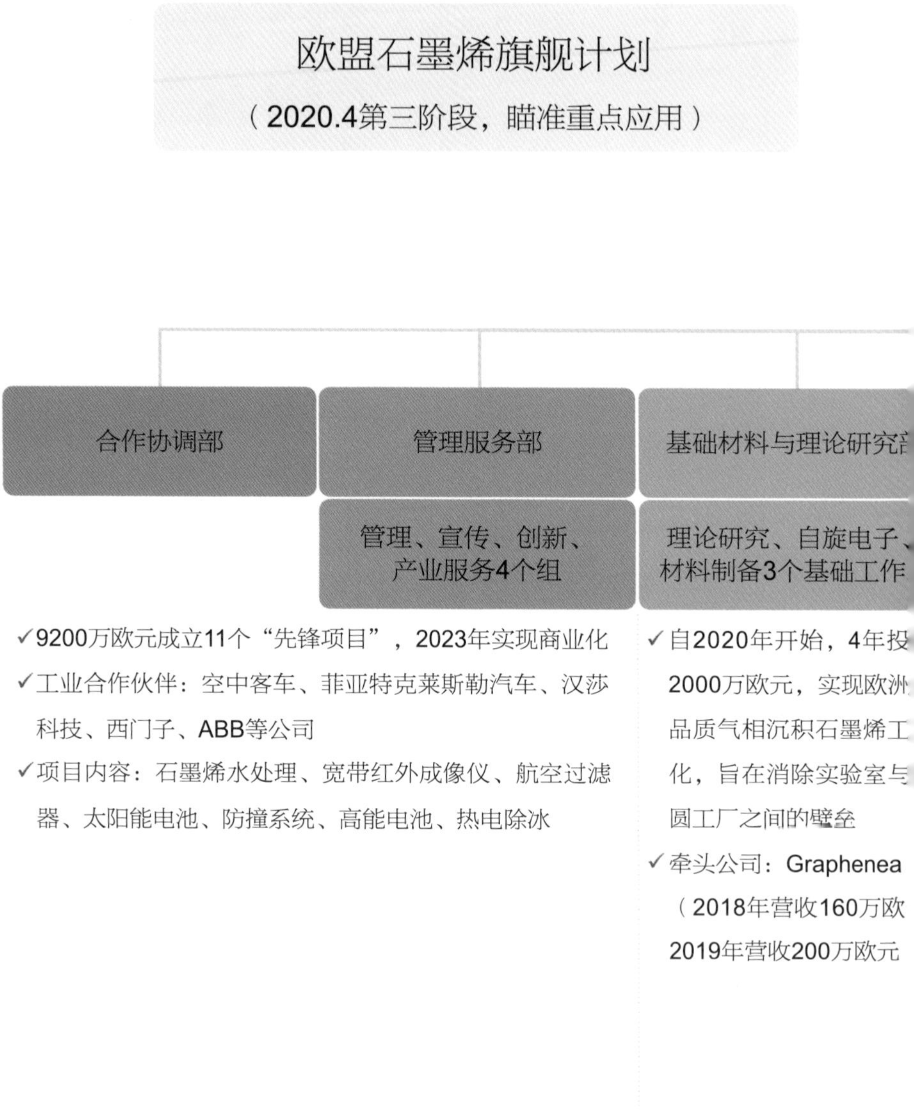

欧盟石墨烯旗舰计划

（2020.4第三阶段，瞄准重点应用）

合作协调部

管理服务部

管理、宣传、创新、产业服务4个组

基础材料与理论研究部

理论研究、自旋电子、材料制备3个基础工作

✓9200万欧元成立11个“先锋项目”，2023年实现商业化

✓工业合作伙伴：空中客车、菲亚特克莱斯勒汽车、汉莎科技、西门子、ABB等公司

✓项目内容：石墨烯水处理、宽带红外成像仪、航空过滤器、太阳能电池、防撞系统、高能电池、热电除冰

✓自2020年开始，4年投2000万欧元，实现欧洲品质气相沉积石墨烯工化，旨在消除实验室与圆工厂之间的壁垒

✓牵头公司：Graphenea（2018年营收160万欧2019年营收200万欧元

（数据来源：CGIA Research）

健康、医疗及传感器部

传感器、生物医药、健康及环境

用于家居安全检测的压力传感器、石墨烯空气嗅探器

石墨烯神经接口电极

用于监测生物系统的场效应晶体管石墨烯材料

电子设备及光电子部

规模化晶圆制备、柔性电子、光电子、电子设备

- ✓ 石墨烯与集成电路芯片的制造工艺兼容，石墨烯生长转移至300 mm的大晶片
- ✓ 用于汽车工业的透明电极
- ✓ 与诺基亚合作的可穿戴传感设备
- ✓ 基于纸张的交互式设备和透明触摸面板
- ✓ 工作频率超过100 GHz的石墨烯射频设备电路

能源、复合材料及应用部

应用组、复合材料组、功能泡沫和涂层组、储能组、能源组

- ✓ 功能化石墨烯母粒
- ✓ 以1 $kg \cdot h^{-1}$的速度生产复合纤维的挤出系统
- ✓ 用于防冰的大块热塑性塑料
- ✓ 3D打印铜/石墨烯氧化物复合材料
- ✓ 石墨烯海水淡化及空气、水净化系统
- ✓ 石墨烯硅碳负极、超级电容器、锂硫电池、空气电池、钙钛矿电池、燃料电池

作，旨在克服实验室与晶圆工厂之间的壁垒，实现高质量石墨烯材料、晶圆材料及电子、光电子和传感器等相关产品的产业化。

英国：发源地优势助力

作为石墨烯的发源地，英国政府对石墨烯的资金投入力度很大，政策分布密集，从理论研究到下游应用均有布局。

英国脱欧前，石墨烯的发展不仅得到英国本国相关政策的扶持，而且享受欧盟的资助。英国主要围绕曼彻斯特大学进行石墨烯产业的布局，先后在曼彻斯特大学成立国家石墨烯研究院及石墨烯工程创新中心，以加速石墨烯的基础研究及应用开发。其中，国家石墨烯研究院是英国乃至世界石墨烯相关研究的策源地，其核心使命是不断开拓前沿二维材料的科学发展与应用落地，兼顾石墨烯及其他二维材料的产业化、商业化。在此基础上，石墨烯工程创新中心承接和发展石墨烯国家研究院的研究成果，持续探索二维材料的商业应用新模式，如新概念、应用和基础研究的演示；新概念产品和工艺以展示石墨烯的潜力；低成本、工艺稳定、高质量石墨烯的批量制备方法；石墨烯的标准化、质量控制、健康和安全管理等。

日本：产学研合作紧密

日本依托其良好的碳材料产业基础，从国家战略层面对石墨烯进行部署，是全球最早进行石墨烯研究的国家之一，产学研结合较为紧密，整体发展较为全面。包括日本东北大学、东京大学、名古屋大学等在内的多所大学，以及日立、索尼、东芝、三菱等众多企业都投入大量资金和人力用于石墨烯的研发，研发重点主要集中在石墨烯薄膜、新能源电池、半导体、复合材料、导电材料等领域。

此外，日本众多行业的企业非常重视石墨烯产业化，尤其是电子信息行业和化工行业，主要以东芝、积水化学工业、三菱、富士通、松下、索尼等企业为主，涉及领域包括石墨烯的批量制备技术、传感器、智能开关、透明导电膜、光电转换元件、锂离子二次电池、变频滤波器、电磁波检测器等。

韩国：大企业主力担当

韩国在发展石墨烯时，注重产学研的紧密结合，在基础研究及产业化方面发展较为均衡，整体发展速度较快。成均馆大学、韩国科学技术院等均在石墨烯研发方面拥有较强实力。韩国的石墨烯企业主要集中于电子信息行业，以三星和LG等龙头企业为主。其中，三星投入巨大研发力量，保证其在石墨烯柔性显示、触摸屏以及芯片等领域的国际领先地位。

目前，韩国重点关注石墨烯在触摸面板、复合薄膜、电磁屏蔽涂层和防腐涂层、散热片、传感器、锂离子电池等领域的研究和应用开发。石墨烯在导电、散热等方面的优异特性，备受电子设备商的青睐。

石墨烯之中国方案

政策：战略引导，合力推进

随着石墨烯产业在中国的发展，国家层面与石墨烯相关的政策逐步以市场为导向。石墨烯的发展由多部门合力推进，国家对石墨烯的支持力度不断加大。目前，我国已发布一系列相关政策进行系统布局，并将石墨烯列入我国“十三五”规划和“十四五”规划的重大工程之一。图6-3列举了2012—2022年我国石墨烯相关重点政策。

2015年11月，为引导石墨烯产业创新发展，助推传统产业转型升级，支撑新兴产业培育壮大，带动材料产业升级换代，工信部、发

（数据来源：CGIA Research）

图 6-3　2012—2022 年我国石墨烯相关重点政策

改委、科技部三部门联合印发《关于加快石墨烯产业创新发展的若干意见》（以下简称《意见》），明确提出打造石墨烯产业为先导产业，指出未来石墨烯产业发展应呈现“1344”的总体格局（见图 6-4）。该政策是我国第一部国家层面的针对石墨烯产业发展的专项政策，是地方政府布局石墨烯产业的重要依据。

《意见》的联合发布为新技术、新业态和新商业模式在石墨烯领域的协同创新发展提供了政策支撑，为激发市场主体创新活力，积极引导、协助上下游企业打通产业链，开展知识产权建设、保护和运用

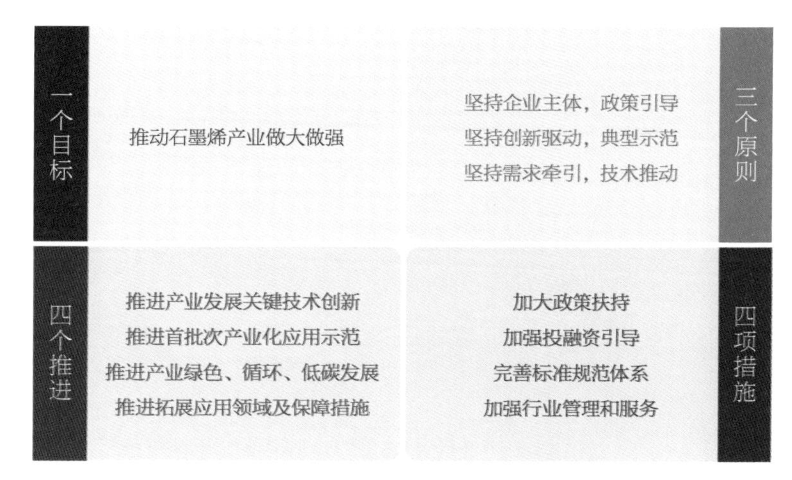

（数据来源：CGIA Research）

图 6-4　我国石墨烯产业“1344”发展格局

工作，促进石墨烯产业持续健康发展提供了强有力的保障，有助于实现壮大产业规模、完善产业链、打造核心竞争力的目标。

此外，地方政府也积极布局石墨烯，通过制定规划、发布专项政策、建立示范平台、设立产业基金等方式，以石墨烯为抓手，抢占区域产业升级及新旧动能转换先机。据 CGIA Research 统计，截至 2022 年 3 月，我国共出台约 650 条政策涉及石墨烯，其中国家层面 40 余条，地方层面 600 余条，主要涉及江苏、山东、浙江、福建、黑龙江、广东等 30 个省市。

技术：数量居首，亮点频出

专利申请量全球第一

近年来，我国已经成为全球石墨烯专利的主要贡献者和申请最为活跃的国家，石墨烯专利申请量的全球占比从 2016 年的 46.0% 上升到 2022 年 73.0%（见图 6-5），远高于美国和韩国，申请活跃度也远高于其他国家。在全球重点专利权人 TOP 20 中，我国的专利权人数量从

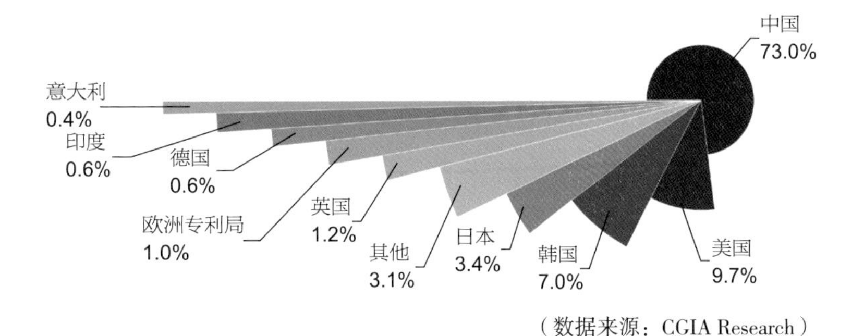

（数据来源：CGIA Research）

图 6-5　截至 2022 年 5 月全球石墨烯主要专利技术来源国家及地区占比

2018 年的 13 位增长到 2022 年的 18 位。

企业参与度逐步提升

近年来，我国石墨烯专利申请人集中度从 2012 年的 36.63% 下降到 2021 年的 4.21%，呈现下降趋势，表明石墨烯行业的产业垄断程度越来越低，越来越多的竞争者进入石墨烯行业（见图 6-6）。

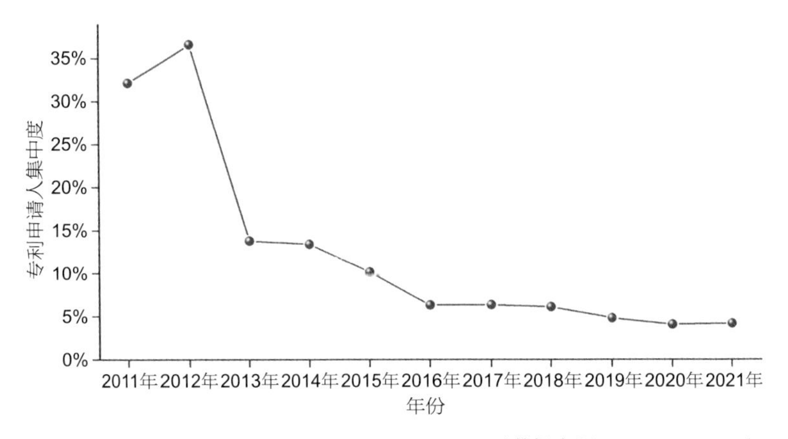

（数据来源：CGIA Research）

图 6-6　2011—2021 年我国石墨烯专利申请人集中度变化趋势

2011—2015 年，高校是我国申请石墨烯专利的主力军，其石墨烯专利申请量高于其他类型申请人。自 2016 年起，企业的石墨烯专利申请量占总申请量的半数以上，企业逐渐成为我国申请石墨烯专利的主力军（见图6-7）。2022年，我国石墨烯高被引专利TOP 10的专利权人中有4家来自企业，表明企业对石墨烯研发的参与度逐步提升。

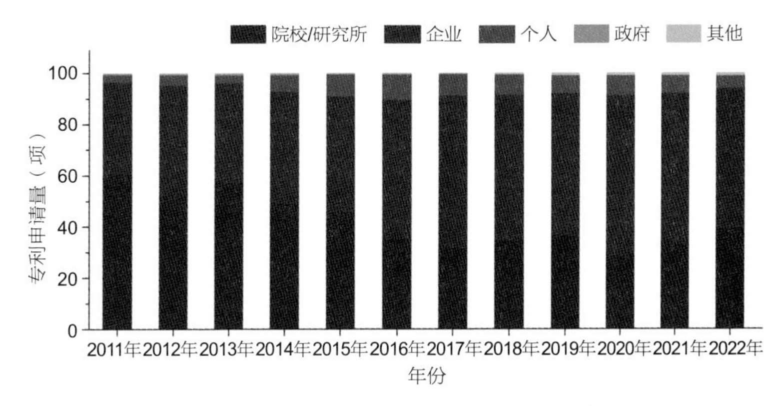

（数据来源：CGIA Research）

图6-7 2011—2022年我国石墨烯专利申请人类型及专利申请量

技术创新成果频出

近年来，我国石墨烯研发技术取得了一系列进展，技术创新亮点频出，举例如下：

· 利用外延生长技术和超快生长技术成功制备了世界上最大尺寸的外延单晶石墨烯材料，实现了8英寸石墨烯晶圆的规模化生产（见图6-8）；

· 发明了“单一晶种快速生长法”和“阵列晶种同向拼接法”等多种大面积石墨烯薄膜的快速制备技术，研发了高质量石墨烯薄膜和大单晶晶圆的量产装备；

· 突破石墨烯薄膜连续卷对卷生长和转移技术，在国际上率先实现了米级单层石墨烯薄膜的快速制备；

· 成功利用先进激光诱导石墨烯技术制备了无基质的大尺寸石墨烯纸，在纳米柔性器件制造领域有巨大的应用潜力；

· 研发出高灵敏石墨烯“电子皮肤”，可直接贴在皮肤表面探测呼吸、心率、发声等，在运动监测、睡眠监测、生物医疗等方面具有

图 6-8　8 英寸石墨烯晶圆

重大应用前景；

·批量生产单层氧化石墨烯及其应用产品——多功能石墨烯复合纤维，获得了国际石墨烯产品认证中心（International Graphene Product Certificate Center，IGCC）认证，标志着我国石墨烯改性纤维材料的产业化步入了一个新阶段；

·实现石墨烯的定量拉伸测试：在 SEM 下对大面积石墨烯进行原位拉伸测试（见图 6-9），首次测试出单层石墨烯的抗拉强度及弹性极限。

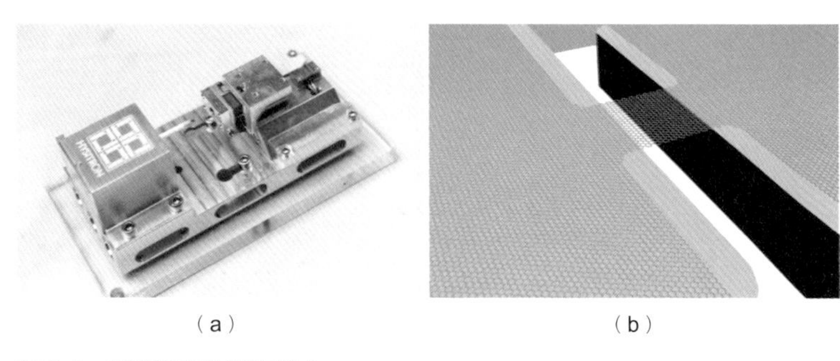

图 6-9　石墨烯定量拉伸测试
（a）设备；（b）过程示意

产业：规模增长，格局初定

规模化制备生产能力进一步提升

我国石墨烯材料的产能不断提升，正在迈向规模化、柔性化、智能化、绿色化。据 CGIA Research 统计，我国石墨烯粉体的产能已从 2015 年的 600 吨增长到 2022 年的 1.8 万吨，目前已有数家企业具备年产千吨以上的生产能力。石墨烯薄膜的产能从 2015 年的 150 万平方米增长到 2022 年的 742 万平方米，主要集中在墨希科技、宁波柔碳、二维碳素、格菲科技等企业。我国石墨烯粉体的价格已从最初的 2000 元 / 克下降至 1 ~ 10 元 / 克，石墨烯粉体价格的下降为其大规模商业化提供了成本基础。

产业集聚区域初步形成

地方政府对发展石墨烯产业的支持力度不断增加，特别是中西部地区的投入明显加大。当前，我国石墨烯产业呈现出多点开花、集聚初现的特点，已形成“3+N”个区域特色鲜明的石墨烯产业集聚区域，东部沿海企业集聚效应明显，集中了70%以上的企业。“3+N”是指已经形成产业集聚的环渤海地区、长三角地区、珠三角地区以及N个正在发展的产业区域（如川渝、广西、陕西、东北等）。随着集聚区域的形成，人才培养体系和技术创新格局初步成形，我国石墨烯产业发展态势稳中向好（见表6-2）。

表6-2 我国石墨烯产业区域布局特点

石墨烯产业重点地区	重点省、市	特点
环渤海地区	北京、天津、河北、山东	创新资源丰富，高端人才集中，产业发展势头良好
长三角地区	上海、江苏、浙江	人才、资金、技术等优势明显，发展势头强劲，研发及产业化进程领先

续表

石墨烯产业重点地区	重点省、市	特点
珠三角地区	广东	创新基础良好，应用市场广阔，产业链配套居于全国领先地位
海西地区	福建	微晶石墨资源丰富，下游应用领域发展潜力强

（数据来源：CGIA Research）

标准、认证体系引领产业高质量发展

近年来全球石墨烯行业持续快速发展，市场竞争也日趋剧烈。石墨烯市场多次出现以假乱真的现象，严重阻碍了行业的健康发展，市场亟须加强对石墨烯产品的监管规范。加快石墨烯行业标准制定和石墨烯产品认证工作，是引领产业高质量发展的重要手段。

目前，我国正在制定的石墨烯标准包括国家标准 8 项、地方标准 31 项，行业标准 2 项，团体标准高达 62 项。

应用：领域多样，前景广阔

当前，我国石墨烯产业发展进入了以产业化应用推进为核心的新阶段，大企业带动作用效果明显，在新能源、大健康、石油化工、节能环保等领域实现多样化应用。石墨烯产品的市场化发展已取得定突破，如工业应用领域的石墨烯导电添加剂、防腐涂料、导静电轮胎、润滑油、触点材料等产品。民生消费领域的石墨烯智能可穿戴产品、理疗发热器件、散热发光二极管（Light Emitting Diode，LED）照明产品、复合纤维纺织产品、电采暖产品、环保内墙涂料等。

近年来，我国石墨烯应用领域不断拓展，市场规模稳步上升（见图 6-10）。据 CGIA Research 统计，我国石墨烯应用市场规模已从 2015 年的 6 亿元发展到 2021 年的 160 亿元。

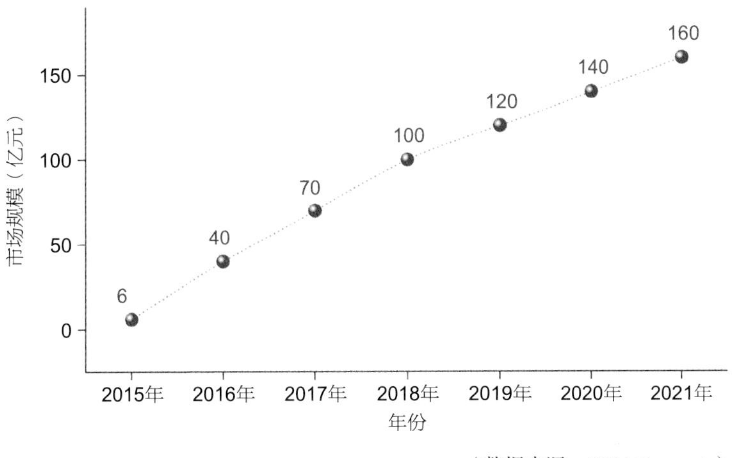

（数据来源：CGIA Research）

图6-10　2015—2021年我国石墨烯应用市场规模情况

星辰大海：应用于国家重点工程

（1）石墨烯防腐涂料应用于海工装备、港口岛礁等设施

中国科学院宁波材料技术与工程研究所研制的石墨烯防腐涂料在舟山基地的380 m输电塔上完成防腐工程示范应用（见图6-11）。面对热带海洋环境下的高盐雾、高湿热、强日照、台风等侵袭，石墨烯改性重防腐涂料可以减缓电力设施的锈蚀，保证电力设备内部结构不受破坏，延长输电塔寿命。2020年研制的石墨烯新型海洋重防腐涂料在“一带一路”重大工程——柬埔寨200 MW双燃料电站与印尼雅万高铁项目建设中已成功实现规模化应用。

此外，中科银亿公司的石墨烯重防腐涂料成功应用于国家电网跨海大桥输变电工程；中铁第四勘察设计院联合北京航空材料研究院研发的石墨烯改性无机富锌底漆和超耐候氟碳面漆的防腐体系成功应用于福厦高铁泉州湾大桥；碳索新材料公司将石墨烯防腐涂料应用于铁路扣件上，与传统铁路扣件相比，防腐性能提高了5倍，使用寿命从1～2年提升至5年，大大节省了铁路运维成本。

图 6-11　石墨烯防腐涂料应用于输电塔

（2）石墨烯金属复合材料应用于航空航天等领域

上海烯碳金属基复合材料工程中心采用独创的仿生复合技术，开发了石墨烯铝基复合材料。目前已形成年产能 20 吨的中试产线，可制备单重达 0.5 吨的锭坯，替代现役铝合金构件，预期减重可达 10% ~ 30%，轻量化效益十分显著，可用于国产大飞机。该工程中心已联合中国航空工业、中国航天科技、中国中车等单位，开展烯碳铝合金在飞机、航天运载器结构、“标准动车组”列车、新能源汽车等装备上的应用验证。

工业味精：应用于工业领域

（1）新能源汽车领域

比亚迪、国轩高科等我国知名电池企业已经开始批量使用石墨烯导电浆料；东旭光电已实现石墨烯基大动力电池的商业化应用；广汽集团汽车工程研究院自主研发了添加石墨烯材料的软包电池；中国中车开发的石墨烯复合材料超级电容器已投产；石墨烯导电银浆已在太阳能电池中产业化应用；石墨烯改性树脂、石墨烯改性橡胶等材料已应用于汽车轻量化、汽车轮胎等方面。

（2）电子信息领域

石墨烯传感器、新型石墨烯射频识别（Radio Frequency Identification，RFID）材料、石墨烯电子纸、石墨烯散热材料等已开始在手机等电子设备中使用（见图6-12）。奥翼电子开发出“石墨烯电子纸显示屏”；二维碳素和无锡格菲科技的石墨烯传感器产品已实现市场化；百杰腾的多款石墨烯RFID产品已推向市场，包括应用于多个场景的RFID标签和RFID读取器天线等。

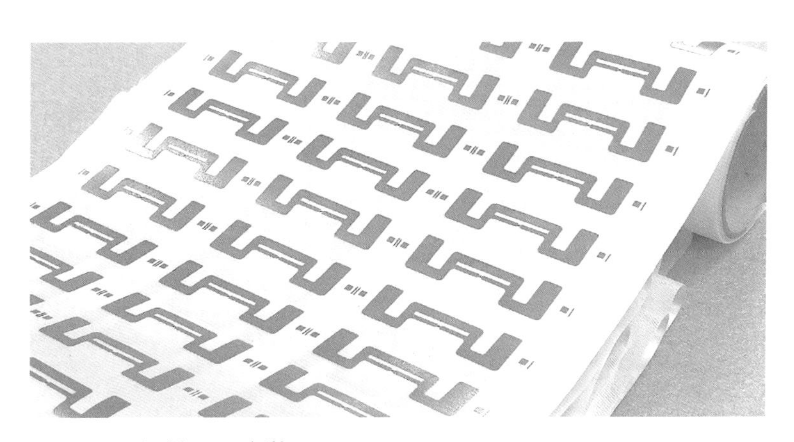

图6-12　石墨烯RFID标签

石墨烯散热材料目前已经成为5G手机主流的散热解决方案，华为、小米、OPPO等手机厂商都在其新型5G手机中使用石墨烯散热材料。据 CGIA Research 统计，2018—2021 年，国内外各大手机厂商在其 30 多款 5G 手机中都使用了石墨烯散热材料；据 CGIA Research 不完全统计，目前全国在建的石墨烯散热膜产线的产能将超过 1600 万平方米，总投资额接近 20 亿元。

此外，石墨烯在柔性光电器件如触摸屏、有机光伏电池中展现出极大的发展潜力和广阔的应用前景。目前石墨烯柔性光电器件正在进入各大电子厂商的视野，如京东方积极开发石墨烯柔性显示和触摸屏技术，已在显示领域申请多项石墨烯专利。

（3）节能环保领域

石墨烯净化剂、过滤膜、光催化网等净化材料和石墨烯导热材料已成为节能环保技术的突破点，已在 LED 照明、污水处理等领域实现批量应用。针对西安、广州等地的黑臭水体，通过铺设江苏海姆公司自主研发的石墨烯光催化网，可降解水体污染物质，增加水体溶解氧含量，在保留河道底泥的基础上，快速恢复水体直至底泥的生态环境，重建水体生态系统，恢复水体的自净能力（见图 6-13）。

图 6-13　石墨烯光催化网用于污水处理

（4）工业防腐领域

石墨烯在物理防腐和电化学防腐方面具有天然优势，石墨烯防腐底漆以更少的锌粉用量达到更好的防腐效果，不仅能节约成本，同时能有效降低“锌污染”。例如，中海油珠海天然气发电有限公司积极推动石墨烯防腐涂料应用示范，石墨烯防腐底漆在钢铁结构表面的防腐蚀效果远超同类品牌。针对船舶、海洋平台腐蚀和生物污损环境，尤其是船体焊缝腐蚀防护难题，中国科学院宁波材料技术与工程研究所的薛群基、王立平等人开发出具有自主知识产权的石墨烯基长效海洋防腐耐候涂料、石墨烯基耐海水防腐涂料、石墨烯自抛光海洋防污涂料等，满足了“万山号”海洋发电平台不同功能区域的涂装工艺和综合防护要求。“万山号”石墨烯防腐防污涂装工程的实施推动了石墨烯基海洋重防腐涂料在严酷远海环境下的长效防腐和防污性能的全面实海验证，为石墨烯基防腐防污涂料在大型远洋船舶、海洋石油平台、海上风电、海洋浮动平台等海洋工程与装备的大规模应用提供了实海数据支持（见图 6-14）。

图 6-14 “万山号”海洋发电平台石墨烯防腐防污涂装工程

衣食住行：应用于民生领域

（1）聚力大健康发展

石墨烯在大健康领域的应用是石墨烯产品的“亲民”应用方向之一。基于石墨烯薄膜、功能纤维的服装产品，在满足人们对智能休闲健身等多功能需求的同时，在理疗保健方面也发挥了重要作用。以烯旺科技、圣泉集团、爱家科技、高烯科技、碳星科技、金澧科技等为代表的石墨烯企业，在石墨烯医疗健康领域占据重要位置，生产理疗护具、智能家纺、发热服饰等各类理疗产品。

（2）开启电采暖新热潮

石墨烯高效供暖系统示范工程的建设和应用也得到广泛推广，提高了我国建筑的节能水平（见图6-15）。以二维暖烯科技、烯旺科技、浙江中骏石墨烯科技、白熊科技为代表的石墨烯企业，开发了石墨烯瓷砖、发热地板、远红外电暖画等产品，并占有部分电采暖市场。

图6-15　石墨烯地暖

（3）助力抗疫防控

石墨烯新材料在抗击 COVID-19 疫情上发挥了重要作用。石墨烯口罩、加热护目镜、防护服等产品为一线医护人员提供防护保障。石墨烯口罩抗菌抑菌效果明显，且制作周期短；石墨烯加热护目镜不易起雾，重量轻，佩戴舒适，且能有效缓解眼部疲劳；石墨烯防护服重量轻，隔离效果好，同时具有抗菌抑菌、远红外发射、抗螨虫、防紫外等功能。

（4）赋能冬奥会

石墨烯材料在北京冬奥会期间也大显身手，如石墨烯材料被用于礼服内胆，它可以快速升温，帮助工作人员抵抗 -30℃的严寒（见图 6-16）；张家口城市志愿者服务站由石墨烯智暖岩板打造而成，实现了一墙暖一屋的效果，同时采用智能温控器，通过智能遥控达成全屋智能控温；冬奥会场馆首次运用石墨烯技术实现温控管理，国家体育场的观礼台椅子、桌子、嘉宾区沙发的内部都嵌入了新型石墨烯柔性发热织物材料，只要轻触按键，就可实现温度控制。

产业链全景

图 6-17 展示了国内外石墨烯产业链各环节的代表性企业。从中

图 6-16　石墨烯纺织物

图 6-17 石墨烯产业链全景图

上游（原材料和设备）	中游（衍生品）
石墨	石墨烯粉体
方大炭素 宝泰隆 中国宝安 Focus Graphite Graphite India	第六元素 圣泉集团 高烯科技 烯碳科技 利特纳米 凯纳石墨烯 欧铂新材料 宝泰隆 德通纳米
甲烷等含碳气体	石墨烯薄膜
河南科晶 液化空气 The Linde Group Northern Graphite	格菲科技 烯成石墨烯 二维碳素 墨希科技 微晶科技 宁波柔碳 Graphenea 三星
设备	
烯成石墨烯 南风化工 Nanotech CVD Equipment Corporation AIXTRON	

（数据来源：CGIA Research）

下游（应用）

电子信息

柔性显示（奥翼电子、元石盛石墨烯、墨希科技、辉锐科技）
传感器（格菲科技、Graphene Frontiers）
射频识别（百杰腾、墨西科技、Vorbeck）
散热材料（富烯科技、墨睿科技、奈福电子、六碳科技、深瑞墨烯、新碳高科）

新能源

锂离子电池（昊鑫新能源、鸿纳科技、天奈科技、万鑫石墨谷、东旭光电、宁夏汉尧）
超级电容器（中国中车、立方能源、大英聚能、Zango）
太阳能电池（山东恒天、正信光电、亚玛顿、协通光伏科技）
铅酸电池（超威集团、天能集团、Log 9 Materials）

节能环保

LED照明（明朔光电、国烯新能源、烯创科技、泰启力飞、承煦电气）
电能替代（白熊科技、二维暖烯、美烯新材料、柔碳科技）
污水处理（江阴嘉润、碳星科技）
大气治理（唐山建华科技、南通强生）
海水淡化（洛克希德·马丁公司）

化工材料

橡胶复材（创威新材料、森麒麟轮胎、双星轮胎、玲珑轮胎、Vittoria）
塑料复材（中超控股、无锡云亭、利特纳米、鲁泰集团、西安新三力）
涂料（瑞利特新材料、欧铂新材料、麦思威尔、道蓬科技、中科银亿、利特纳米、信和新材料、天元羲王）
润滑油（华升石墨、珠海聚碳、天润、碳世纪）

航空航天

金属复材（烯创科技、新疆众和）
电磁屏蔽（北京航空材料研究院）

健康生活

- 医疗器械（凌拓科技、二维碳素、烯旺科技）
- 理疗保健（烯旺科技、圣泉集团、爱家科技、高烯科技、碳星科技、金澧科技）

可以看出，国外企业在石墨烯产业链上游、中游分布较多，即更多企业注重石墨烯材料的制备及相关设备的研发，部分企业涉足电子信息、新能源等应用领域。我国企业在石墨烯产业链的中游、下游分布较多，集中于石墨烯粉体和薄膜材料的制备及下游应用领域。

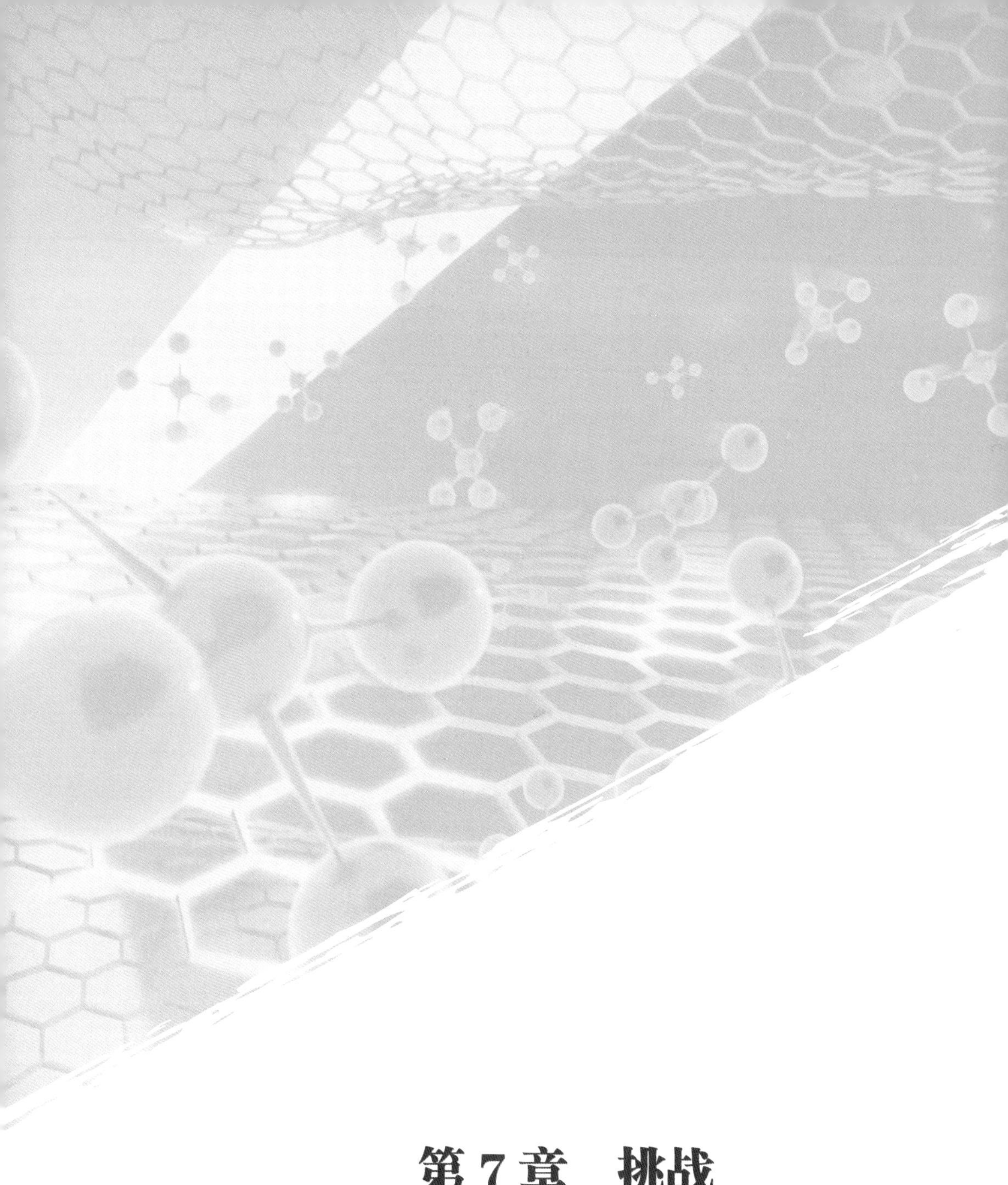

第 7 章　挑战

探索——无止境

石墨烯自2004年被发现以来，因在力学、电学、光学、热学、磁学等方面的独特性能而备受学术界的青睐，并多次缔造科研“神话”。对石墨烯的探索远无止境，从研发、制备、应用到产业化等各环节还有更大的提升空间，无论是在材料本身的质量、性能稳定性，还是在制造装备及规模化生产工艺等诸多方面，石墨烯的发展仍面临着巨大的挑战，研究者们需要为此付出不懈的努力。

石墨烯之科学：研究的重点

石墨烯的科学研究是逐步发展并逐渐深入的。材料决定应用，未来对石墨烯的研发重点将主要集中在材料设计、制备合成等方面，包括多尺度设计、高效率制备、大面积合成等。

设计：多尺度

石墨烯的微观结构和材料组装形式多种多样，导致最终产品的性能千差万别。有的产品并不一定能够达到理论预期，因此石墨烯的开发设计对其性能调控至关重要。石墨烯的多尺度可控设计，有利于构建材料结构与性能间的对应关系，从而有效指导具有特殊性能的石墨烯的可控制备，同时发掘出石墨烯的更多特性并在实际中应用。

石墨烯的多尺度设计主要包括微观上的分子结构设计及宏观上的组装方式设计。目前，石墨烯的分子结构设计（包括带隙、官能团、层数、缺陷、褶皱等）还处在定性阶段，尚无法实现精准的量化表征（见图7-1）。例如，原子掺杂可以有效地调节石墨烯的电子结构。但

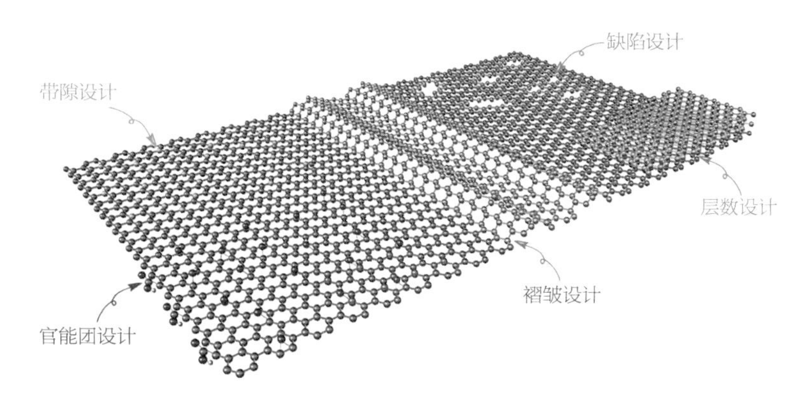

图 7-1 石墨烯的分子结构设计

是，原子的掺杂位点、密度都具有较大的随机性；化学官能团的引入可以极大改善石墨烯的亲水性，有利于后续加工，但是同样存在无法精准定位、数目不可控等问题；CVD 法制备的石墨烯质量相对较好且尺寸可控，但是对石墨烯层数和缺陷的控制还存在诸多不确定因素。

石墨烯宏观结构的组装方式复杂多样。受原料种类、界面作用、加工方式等多个因素的综合影响，最终产品的结构和性能仍然不具有精确的可控性。以氧化石墨烯为例，氧化石墨烯纳米片的各向异性使其可以通过多种加工方法，自组装成不同的三维宏观结构（见图 7-2），如可以在温和条件下通过水热处理或借助化学试剂的交联或化学还原自组装成水凝胶、气凝胶等，也可以在一定条件下组装成纤维和织物。在纤维的组装过程中，可通过拉伸、高温热处理等方法改善纤维的缺陷或褶皱情况，但是无法实现纤维内部细节结构的可控设计。今后，需要深入研究石墨烯及其衍生物的分子结构的精确测定、单分子构象和多分子作用及其加工方式，以更好地从原理上指导石墨烯的精确组装。

制备：高效率

为了满足产业化需求，研究者们不断进行石墨烯制备工艺的改善

图 7-2 氧化石墨烯纳米片组装成三维宏观结构

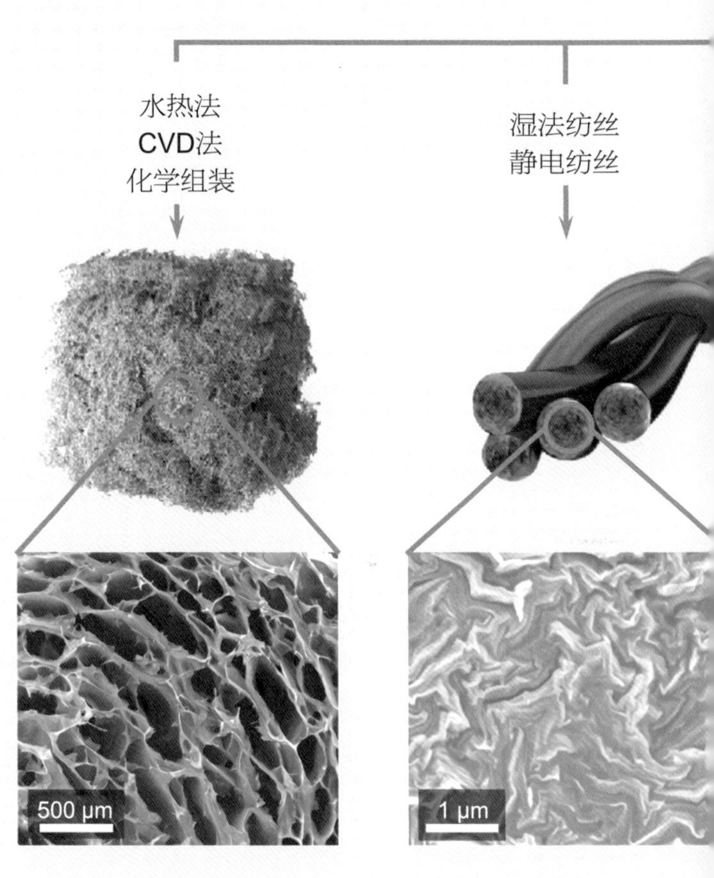

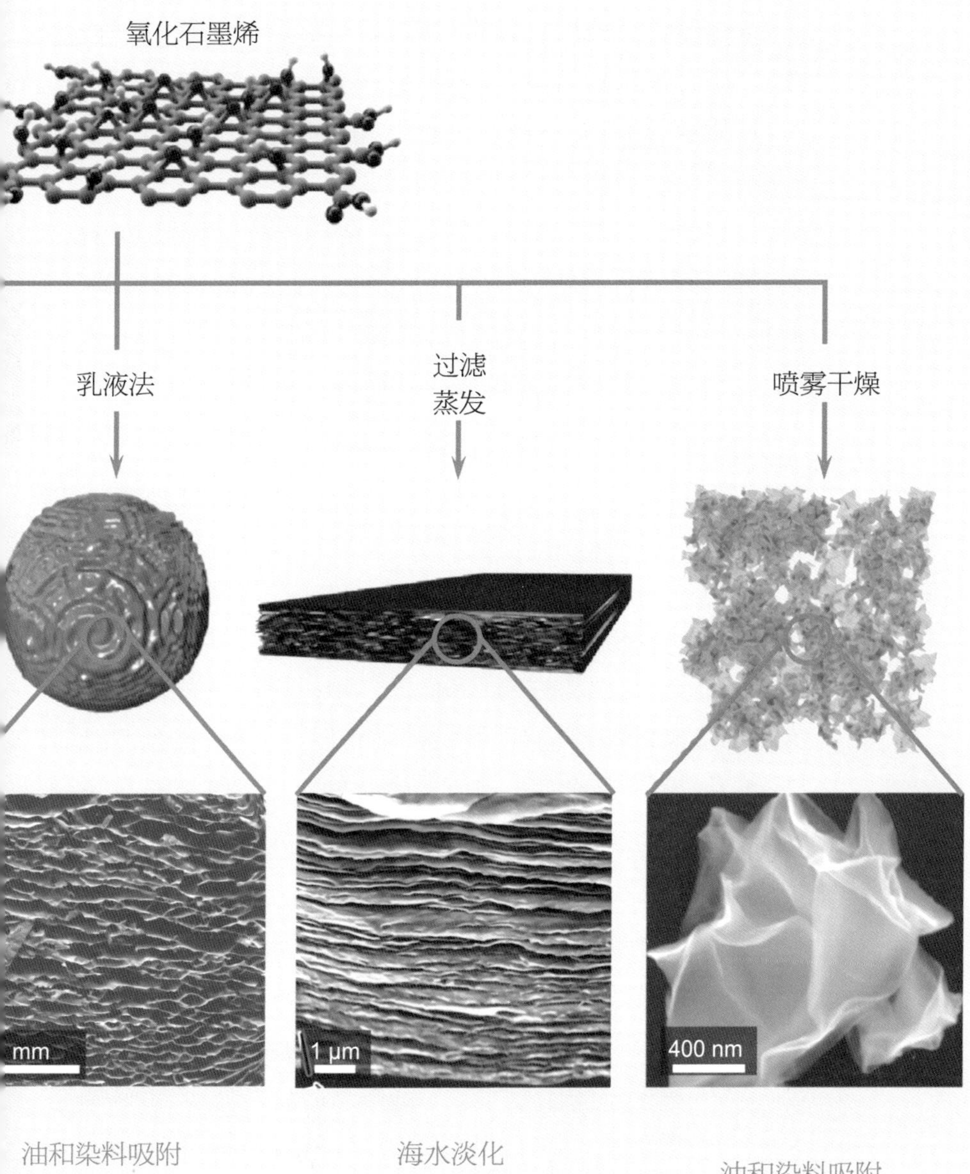
氧化石墨烯
乳液法
过滤
蒸发
喷雾干燥
二维纳米片
三维组装体
mm
1 μm
400 nm
油和染料吸附
污染物转化
海水淡化
抗菌过滤
油和染料吸附

和新制备技术的探索。目前，已经开发了固相法、液相法和气相法三大类方法。其中，固相法（如机械剥离法）比较适合高质量石墨烯的制备，但是产量很低。以氧化还原法为代表的液相法产量较高，但是生产过程会产生大量的污染物，后期需要高温热处理，能耗大、制备周期长、产物杂质多。从环保和经济效益的角度来看，该方法并不适合量产石墨烯。相较而言，CVD 法是目前非常具有潜力大批量生产石墨烯的方法，具有产物质量好、尺寸大等优点，缺点是层数和缺陷控制较难，且在应用之前一般需要经过分离和转移等工艺，耗时长。因此，如何实现石墨烯的高效率制备，兼顾规模化和高品质，依然是制约其大规模应用的一个重要因素。

合成：大面积

大面积、高质量的二维晶体是下一代电子光学器件的基础。大面积、超薄二维材料的可控生长是设计和集成具有复杂元件的电子设备的基础。因此，晶圆尺寸二维材料的合成是其工业化应用的关键。石墨烯是具有优异光电性能的二维材料，在光电探测、电子传感、柔性显示等领域的应用备受期待。研究者们在制备大尺寸、大晶畴、厚度均匀可控、缺陷少的石墨烯薄膜方面付出了巨大的努力，优质石墨烯的大面积制备成为亟待突破的科学难关。

CVD 法和外延生长法是被寄予厚望的两种制备高质量、大面积石墨烯的典型方法。例如，北京大学的研究者们采用改进的 CVD 法制备了尺寸为米级的超洁净石墨烯（纯度达 99%），该方法利用二氧化碳的弱氧化性来去除固有的污染物（见图 7-3）。目前，这两种制备大面积石墨烯的方法在真正投入规模化应用之前还面临着诸多工艺问题。关于石墨烯的生长机制、生长动力学、转移工艺的基础研究仍然是解决问题的关键。

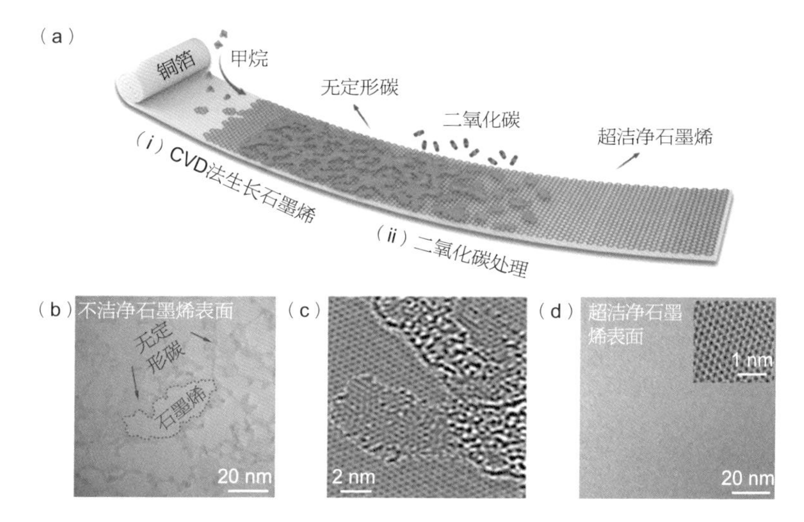

图 7-3　二氧化碳辅助 CVD 法制备超洁净石墨烯
(a) 石墨烯表面无定形碳的 (i) 形成和 (ii) 消除过程;
(b) 不洁净石墨烯表面的 TEM 图像;
(c) 石墨烯的高分辨 TEM 图像;
(d) 超洁净石墨烯表面的 TEM 图像
(* 注：右上角插图为高分辨 TEM 图像)

石墨烯之工程：突破的方向

前文分析了石墨烯研究的重点、难点，那么，石墨烯在工程应用上又存在哪些需要突破的方向呢？石墨烯在多个领域具有广阔的应用前景，针对不同应用场景，石墨烯的微观结构、物理化学特性、复合化和功能化方式等均存在技术瓶颈。下面将从电子信息、新能源、生物医药、复合材料、环境保护、航空航天、健康生活等领域介绍石墨烯在应用中面临的挑战。

电子信息：敲开带隙的大门

石墨烯具有良好的光学和电学特性，是未来电子信息领域创新发展中极具潜力的材料，但目前其应用还面临若干技术难题。

目前，可规模化制备的多晶石墨烯薄膜存在较多晶界，导致石墨烯的优异性能无法得到体现（见图 7-4）。例如，多晶薄膜的载流子迁移率一般低于 10 000 $cm^2 \cdot V^{-1} \cdot s^{-1}$，与理论预测的 200 000 $cm^2 \cdot V^{-1} \cdot s^{-1}$ 还有较大差距。因此，石墨烯在电子信息领域的高端应用仍处于实验室阶段。近年来，虽然制备大面积单晶石墨烯的技术取得了较大的进展，但单晶石墨烯一般是在高温条件下的金属衬底上制备的，很难在目标衬底上直接生长，因此难以避免转移过程中可能引入的杂质、破损等缺陷。

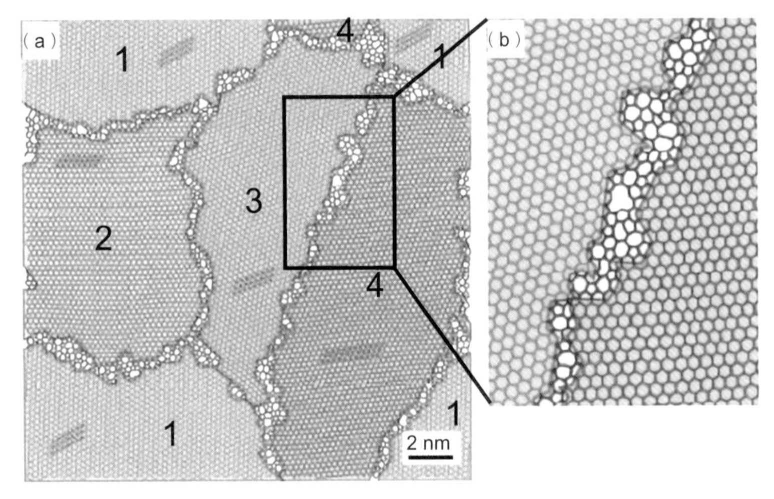

图 7-4　石墨烯薄膜的微观结构
（a）晶畴（1、2、3、4 为 4 种晶畴）；（b）晶界

第 3 章介绍了石墨烯是一种零带隙的半金属材料，难以直接用于制作半导体器件。在石墨烯中“打开”带隙而不影响其高电子迁移率等其他电学性能，是目前的研发难点。已有研究者通过掺杂取代石墨烯晶格中的碳原子、构建多维纳米结构或异质结[①]等方法，克服石墨

① 异质结指由两种不同性质的半导体相接触形成的界面（结）。

烯零带隙的缺点。这些方法虽然取得了一定的进展，但还需要解决带隙较小、能带结构难以精确调控等问题。

新能源：高效又安全

石墨烯在新能源领域，尤其是储能器件中具有广阔的应用前景。在锂离子电池方面，石墨烯主要作为电极材料和导电添加剂。基于石墨烯的锂离子电池具有很多优异性能（如快速充放电等），但其应用仍然有很多实际问题需要解决。例如，石墨烯直接作为锂离子电池电极材料的挑战之一是如何在快速充放电（几分钟或几秒）的同时，实现高功率、高能量和大容量。化学剥离法制备的石墨烯在低电流下具有较高的容量，但是在快速充放电时，容量会显著下降。在大电流下，石墨烯表面的含氧官能团非常活跃，会释放氧使电极性能不稳定。此外，石墨烯电极在充放电过程中还存在首次效率低、容量衰减快等问题。

为了弥补石墨烯材料的缺陷，研究者们将石墨烯与纳米活性材料（如过渡金属氧化物、主族元素氧化物等）复合形成复合电极，以发挥二者的协同效应，使器件性能显著提升。

锂离子电池技术引领了便携式电子产品的革命，并已广泛用于电动汽车等领域。然而，锂资源的短缺限制了锂离子电池的进一步发展。与锂离子电池技术相比，铝离子电池技术具有一定优势。当电池充电时，铝离子返回负极，每个铝离子可以交换 3 个电子，而锂离子仅交换 1 个电子。铝具有储量丰富、廉价安全、比容量高的特点，石墨烯基铝离子电池是解决锂离子电池应用瓶颈的备选方案。克莱姆森大学的阿伯拉沃·拉奥（Apparao Rao）等人研制了石墨烯基铝离子电池。该电池将铝离子储存在石墨烯层片中，在 10 000 余次充放电循环后依然保持初始性能（见图 7−5）。

除了石墨烯基电池外，另一类重要的储能器件是石墨烯基超级电

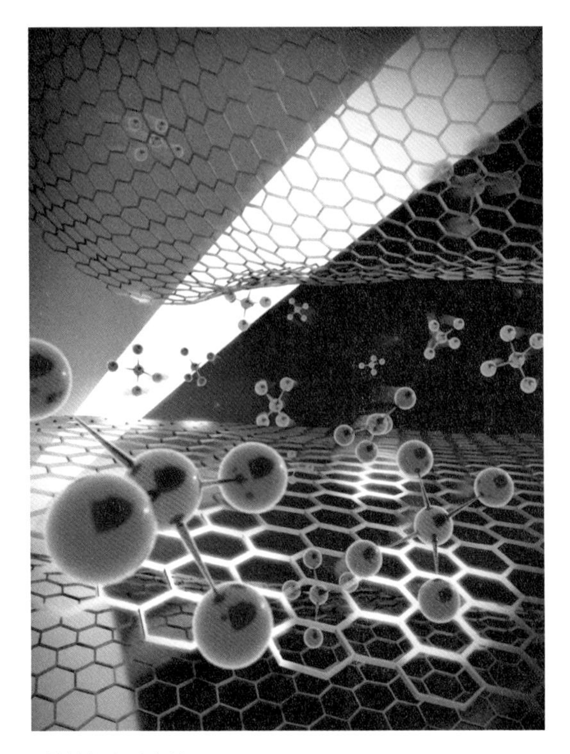

图 7-5　石墨烯基铝离子电池

容器，其市场化过程也面临着诸多困难与挑战。目前，石墨烯材料的价格与现有的电极材料相比不具竞争力。例如，超级电容器中使用的活性炭成本约每千克 10 ~ 15 美元，对新材料的引入带来了极大的困难。此外，在生产过程中，电极、电容器的结构优化与控制，以及超级电容器在实际安装过程中的安全性也是需要考虑的问题。

生物医药：是药三分毒

第 4 章介绍了石墨烯及其衍生物在生物医药方面的应用潜力，但是这些研究仍处于起步阶段，需要大量的临床数据进行验证。例如，在药物传递过程中，在石墨烯上搭载官能团有可能影响药物的安全性。利用石墨烯纳米孔进行 DNA 测序时，如果 DNA 通过的速度过快，就无法精确提取单个碱基的信息。

所谓“是药三分毒”，研究者在使用石墨烯作为杀菌剂的同时，发现高浓度的石墨烯注入小鼠体内后，很容易在小鼠肺部累积并产生毒性。另有研究报道称，过量的石墨烯会诱发动物过敏性死亡。为了解决石墨烯材料的毒性问题，研究者们提出用化学分子在石墨烯的表面进行修饰以提高其生物相容性（如在石墨烯表面包裹一层聚乙烯亚胺、聚乙二醇、聚丙烯酸）。由于这些分子对人体的兼容性好，如同给石墨烯穿上了“马甲”，从而可以稳定地存在于体内并发挥作用。

在临床应用之前解决安全性问题，对于推动石墨烯材料的生物学应用具有重要的意义。曼彻斯特大学的科斯塔斯·科斯塔雷洛斯（Kostas Kostarelos）等人分析了石墨烯与细胞的作用机理。在不同的医学应用环境下，石墨烯与细胞的相互作用可能是有利的也可能是有害的。不同的石墨烯材料在与细胞、组织相互作用时的优先级也有待进一步探究（见图 7-6）。

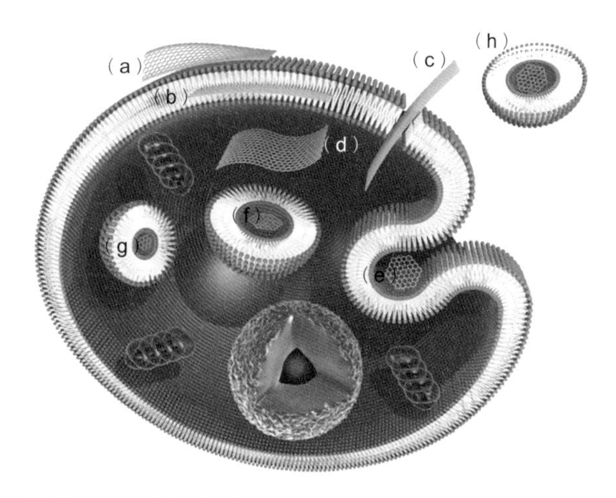

图7-6　石墨烯与细胞的作用机理

（a）细胞膜黏附；（b）与磷脂双分子层结合；（c）跨膜作用；
（d）细胞内化；（e）网格蛋白介导的内吞作用；
（f）内体或吞噬体的内化作用；（g）进入溶酶体或其他核周室；
（h）进入外泌体

复合材料：初出茅庐

石墨烯在复合材料中的应用已经取得了一定进展，但仍然面临一些问题，如石墨烯的生产成本高、复合材料的制备工艺复杂、实现连续规模化生产还有一定难度、石墨烯材料在基材上的吸附量低等。

以复合防腐材料为例，石墨烯防腐涂料在实验室研究中已取得了突破性的成果，如石墨烯可以阻隔氧化铝表面铝络合物的形成，有效避免氧化铝的腐蚀（见图 7-7）。但在应用中仍存在许多棘手的科学问题和技术难题，如针对防腐涂料的防护功能，如何选择石墨烯原材料，制备出防护效果最优的复合涂料体系；根据树脂基体的表面特性，如何选择简单高效的改性和复合方法，改善不同材料间的界面相容性；选择何种分散技术与工艺，实现石墨烯的高效分散；如何建立完善的评价方法，考察石墨烯的结构、性质、用量及分散与涂料防护性能间的“构 - 效”关系。

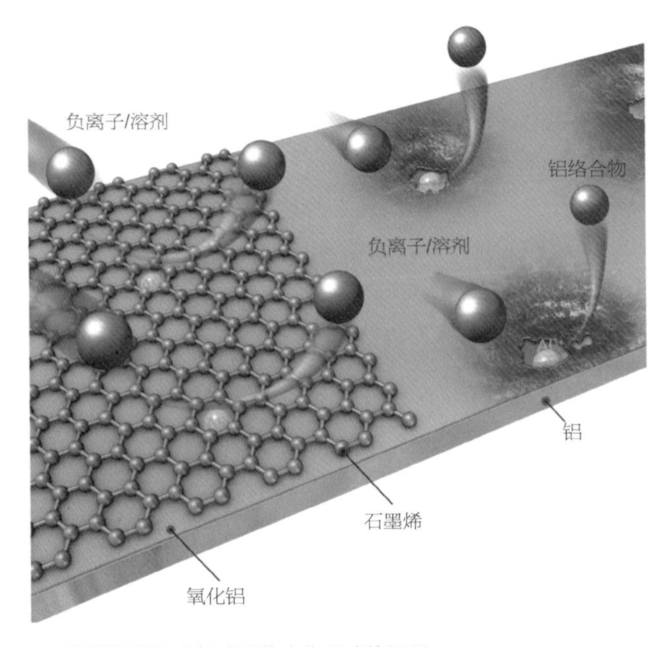

图 7-7　石墨烯阻隔氧化铝表面络合物形成的机理

环境保护：覆“烯”难收

近年来，石墨烯在环境保护领域（如吸附、过滤、净化）受到广泛关注。为了解决石墨烯回收困难、在环境中释放可能造成污染等问题，布法罗大学的阿尔维德·马苏德（Arvid Masud）等人采用 3D 打印技术制备了石墨烯气凝胶并将其用作水过滤器（见图 7-8）。该水过滤器对已烷、庚烷、甲苯等有机溶剂的去除效果很好，在 10 个循环内的去除率高达 100%。然而，目前关于石墨烯环保材料的研究仍处于起步阶段，需要进行更详尽的生态毒理评估和生物链分析，以最大限度地减少石墨烯带来的健康风险及环保风险。

图 7-8　3D 打印石墨烯气凝胶去除污染物

关于石墨烯吸附机理的理论研究仍需要加强。目前，对石墨烯吸附机理的研究主要基于传统的吸附模型。例如，某些石墨烯材料对金属离子表现出良好的选择性吸附，后续需要从分子、原子水平理解石墨烯材料与吸附物的相互作用，进而改进石墨烯材料的结构以进一步提高其吸附性能。

石墨烯材料的再生问题也需要重点考虑。与活性炭等碳材料相比，石墨烯的制备成本要高得多，而大规模应用的前提是具有良好的再生性能。利用石墨烯独特的二维结构，通过复合、功能化提高其再生性能，对于石墨烯材料在环境保护中的规模化应用至关重要。

航空航天：漫漫太空路

轻质、高强度、耐极端条件是航空航天材料应具有的重要性能，石墨烯以其轻质、优异的性能给航空航天领域的结构功能一体化应用带来了新机遇，但其实际应用也存在巨大挑战。

在航空领域，石墨烯材料可用于内饰、尾翼等材料的轻量化设计及优化。欧盟石墨烯旗舰计划的合作伙伴 Aernnova、Grupo Antolin-Ingenieria 和空中客车（Airbus）公司联合开发了石墨烯复合树脂并将其应用于空中客车 A350 飞机的机翼前缘。前缘是飞机机翼或尾翼平面上首先接触空气的部分，石墨烯显著提升了机翼前缘的力学和热学性能，在保障飞机安全的同时减轻了飞机重量，从而节省了燃料，降低了飞行成本和排放，增加了飞机的使用寿命（见图 7-9）。

图 7-9　石墨烯复合树脂用作空中客车 A350 飞机的机翼前缘

在航天领域，为了提高航天器的性能，降低发射成本，确保航天器进入规定的空间轨道，对航天器的质量，特别是对航天器结构的质量要有严格把控。为了防止在发射时引起过大的动态响应载荷，保证航天器姿态控制系统的正常运行，提高航天器薄壁结构在发射压缩载荷下的稳定性，需要进一步提高石墨烯结构的刚度①。

根据对航天器结构的不同需求，对石墨烯材料的性能有各种不同要求。若需要航天器在空间温度变化条件下保持尺寸稳定，则希望材料具有较小的热膨胀系数。结构材料应具有较高的比热和热导率，使温度分布比较均匀，以避免温度过高产生应力或变形。但在有些情况下，由于热控或防热的需要，要求结构材料兼有隔热作用，此时应采用热导率低的材料。

对于长期在轨道运行的航天器结构材料，尤其对于直接暴露在宇宙空间中的航天器外部的结构材料，则要求其具有良好的空间环境稳定性，包括在真空、温度交变、紫外辐照、电子辐照、原子氧等环境下的性能稳定性，这对石墨烯材料提出了更高的要求。

健康生活：一“烯”千金

石墨烯在大健康和医疗领域的应用产品包括石墨烯口罩、采暖产品、医疗器械、炭包等，这些产品在能耗、轻便性、均匀性等方面表现突出，但在成本、市场竞争力、核心技术等方面仍存在诸多挑战。

相比于传统的同类产品，石墨烯产品的技术成熟度还不高，竞争力不足，暂时不具有不可替代性。随着技术的不断突破，石墨烯在健康生活领域的产品市场有望继续扩大，成本也有望继续降低，但是否比传统同类产品更具有竞争力，需要市场的进一步检验。

① 刚度指材料或结构在受力时抵抗弹性变形的能力。

应用于健康生活领域的石墨烯产品主要涉及石墨烯粉末涂料和石墨烯薄膜。目前，由于石墨烯粉末涂料的制备门槛较低，质量鉴别难度高，市场较为混乱，因此以石墨烯粉末涂料为原料的石墨烯产品的性能存在较大差异。石墨烯柔性发热膜具有透明、轻薄、可折叠等特性，但成本高，批次性能差异大（见图 7-10）。

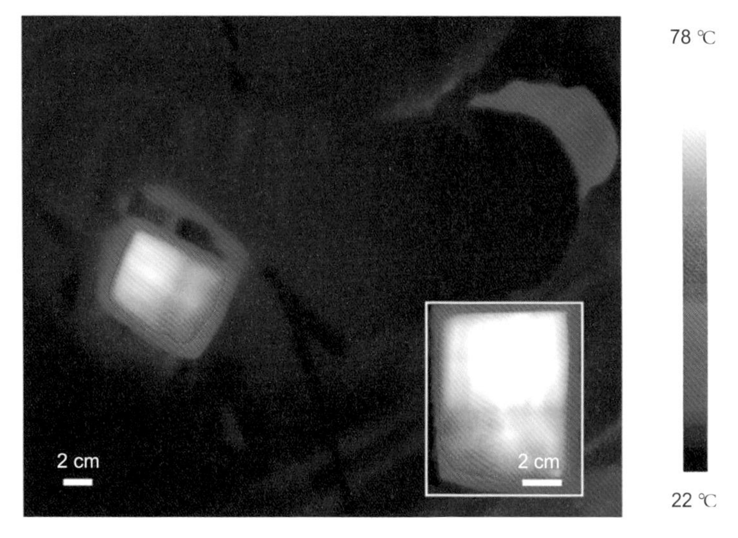

图 7-10　石墨烯柔性发热膜用于缓解肘关节炎

第8章　希望

未来——希望！“烯”望

石墨烯出道即巅峰，横空出世 6 年便勇夺诺贝尔物理学奖，一时间成为学术界与产业界的宠儿。资本市场一度热炒石墨烯概念，掀起一股石墨烯“淘金热”，各地竞相兴建石墨烯产业园区、创新中心等平台。2019 年下半年以来，石墨烯相关产业呈现逐渐“退烧”的态势。如何理性看待石墨烯未来的发展？石墨烯能否在未来的应用中作为前沿新材料的代表发挥核心作用？我国又如何抓住机遇，在新赛道上实现超越？

石墨烯之科学：新材料，新世界

打铁还需自身硬：石墨烯的“王者风范”

新材料种类繁多，性能各异，要在众多材料中脱颖而出，登上“王座”可绝非易事。在此再回顾一下石墨烯的优异性能。石墨烯是已知最薄的材料，其厚度只有一张普通纸的二十万分之一。极薄的厚度带给了石墨烯超大的表面积，1 g 重的石墨烯完全展开，理论上可达 2600 多平方米，足够铺满 6 个标准篮球场。尽管薄到极致，石墨烯却是最坚固的材料，其强度是钢铁的 100 倍，1 m^2 的石墨烯就能承受几千克的重量，而其自身的重量还不到 1 mg。不仅如此，石墨烯还非常柔韧、富有弹性，拉伸幅度可达自身尺寸的 20%。

石墨烯不仅金玉其外，还内秀其中，它是世界上导电性能最好的材料，超越金属银，同时还具备良好的导热性，室温下的热导率是铜的十倍之多。石墨烯本身几乎透明，可以制造显示屏幕。石墨烯能隔绝气体和水分子等，甚至可以用于危险化学品的灭火（见图 8-1）。

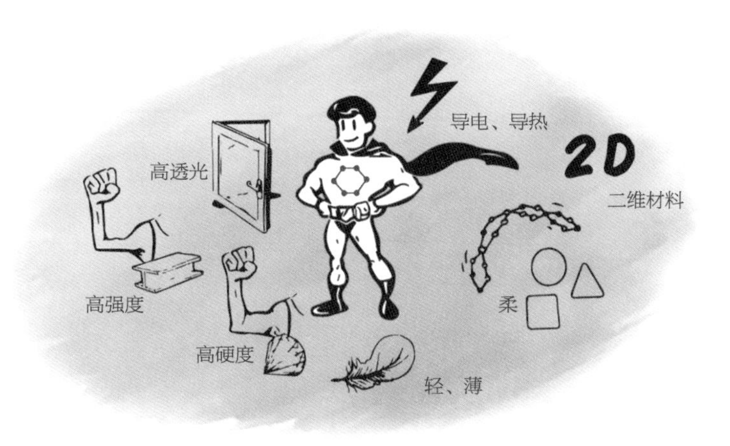

（资料来源：Graphene Flagship官网）

图 8-1 具有优异性能的石墨烯

石墨烯具有诸多优异性能使其几乎无所不能，成为当之无愧的“材料王者”，被誉为“黑金”。正所谓“打铁还需自身硬”，性能如此亮眼的石墨烯成为万众瞩目的“新材料之王”，称得上实至名归。

探索新材料的金钥匙：石墨烯与二维材料大家族

石墨烯能够成为新材料的王者，不仅仅是因为自身性能突出。在 2004 年石墨烯被首次制备出来之前，人们曾一度认为理想的二维材料是不存在的。石墨烯的发现带给研究者们极大的信心去寻找新的二维材料，由此开启了一门全新的材料学分支——二维材料学。

目前，六方氮化硼（hexagonal Boron Nitride，h-BN）、石墨型氮化碳（Graphitic Carbon Nitride，g-C_3N_4）、过渡金属硫化物（Transition Metal Dichalcogenides，TMDs）、金属有机框架（Metal-Organic Frameworks，MOFs）、拓扑绝缘体（Topological Insulators，TIs）、黑磷（Black Phosphorus，BP）、金属烯（Two-dimensional Transition Metal Carbides and Nitrides，MXenes）、金属化合物（MX_n）等典型的类石墨烯材料相继涌现，不断发展壮大二维材料家族（见图 8-2）。

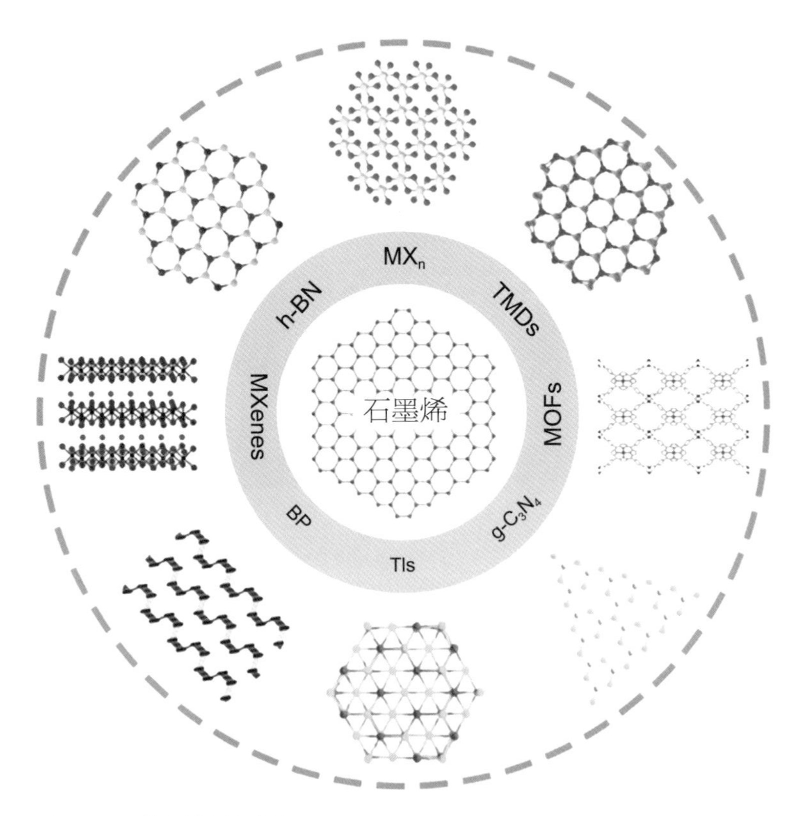

图 8-2　二维材料家族成员

从单质到化合物，甚至复合材料都可以成为制备二维材料的原料。

事实上，许多二维材料的发现在极大程度上受到了石墨烯发现过程的启发。以石墨烯的“孪生兄弟”——硅烯为例，碳和硅在元素周期表上处于同一主族，具有相似的化学性能。早在 1994 年，就有理论预测单层硅结构是可能存在的。石墨烯被发现后，研究者们试图用相似的方法获得单原子层的硅。经过不懈努力，终于于 2012 年在银表面成功生长出了硅烯。

二维材料领域方兴未艾，不断有新材料被发现。它们性能各异，特点不同，但都展现出巨大的研究空间与应用潜力。未来，二维材料家族将为科技和工业的发展带来更多机遇。

触类旁通，全面发展：石墨烯与其他相关学科发展

石墨烯的启示作用不仅仅体现在促使我们去发现更多二维材料，其影响范围已经超出了材料学科，延伸到电子、物理、化学、生物等诸多学科领域。例如，在凝聚态物理领域，研究者们在“魔角”石墨烯体系中发现了超导现象；在生物化学领域，石墨烯独特的电子特性使其可用于构建灵敏的电化学传感器。当抗体吸附在石墨烯表面时，抗原（如病毒）与抗体结合，通过检测电信号的变化即可探测抗原的存在。还有研究利用石墨烯制成生物传感器，用于方便地检测 COVID-19 病毒分子，有望发展成为一种高灵敏快捷诊断 COVID-19 的有效手段（见图 8-3）。

石墨烯之工程：新领域，新辉煌

成王之路，任重道远：我国石墨烯产业发展现状

我国石墨烯产业前景广阔，产业规模持续增长，从事石墨烯相关业务的单位数量急剧增加（见图 8-4）。据 CGIA Research 统计，截至 2022 年 3 月，在工商部门注册涉及石墨烯相关业务的存续企业数量达到 38 804 家，经筛查实际开展石墨烯业务的企业达到 4290 家。其中，从事研发、销售和应用的企业数量占比分别为 55.87%、12.63%、12.01%。

石墨是石墨烯产业化制备的重要资源。截至 2021 年，已探明的全球天然石墨累计可采储量达到 3.2 亿吨。我国天然石墨资源储量丰富，石墨储量约占世界总储量的 22.8%（见图 8-5）。

但是，这一资源优势并没有发展成产业优势、科技优势和经济优势，国内石墨烯产业总体依旧“大而不强”，科技含量不高，究其原因主要有以下 3 个方面。

一是资源不均衡。长三角、粤港澳大湾区、京津冀等地拥有人

图 8-3 石墨烯检测 COVID-19 病毒

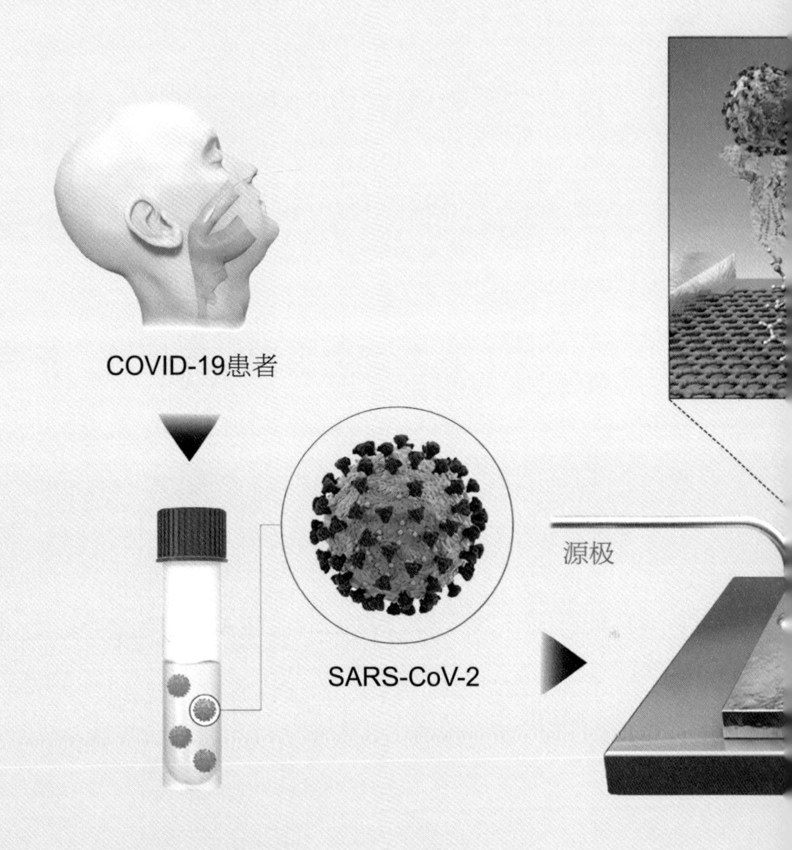

（*注：SARS-CoV-2 即Severe Acute Respiratory Syndrome Coronavirus Z，严重急性呼吸综合征冠状病毒Z）

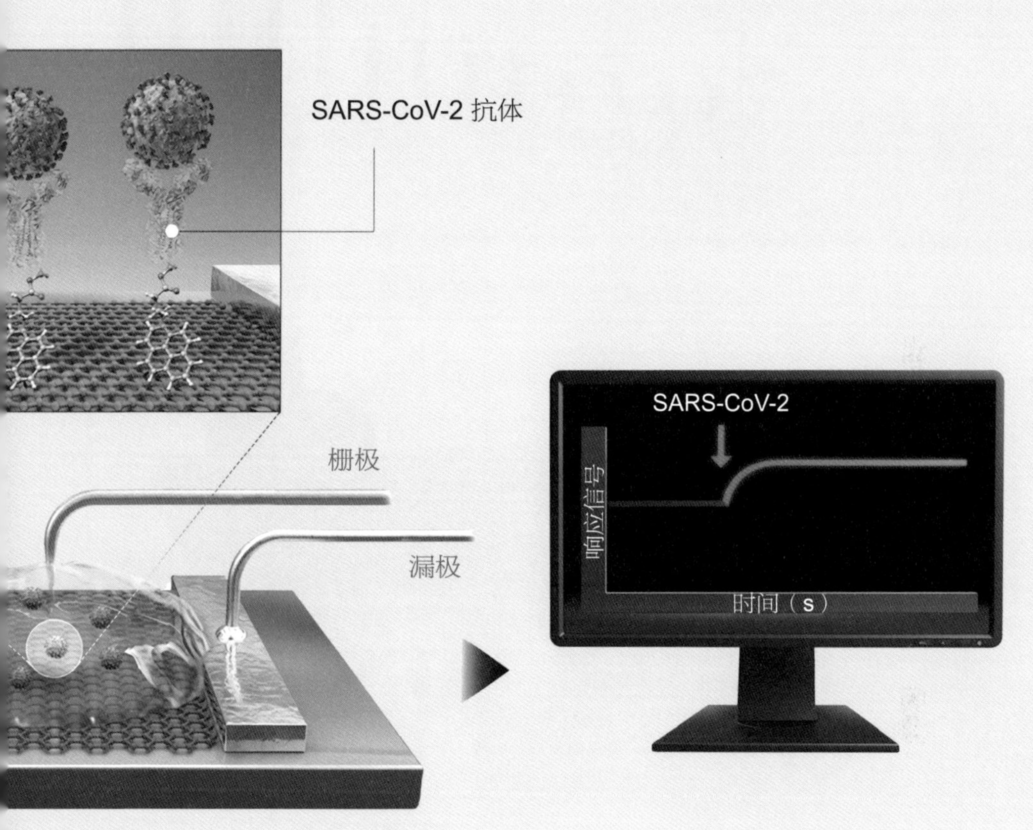

COVID-19 病毒的场效应晶体管传感器

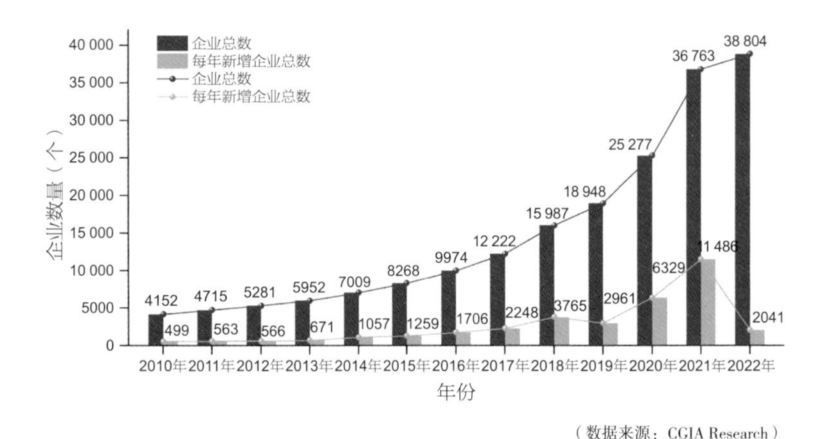

（数据来源：CGIA Research）

图 8-4　2010—2022 年我国从事石墨烯相关业务的企业数量及每年新增量

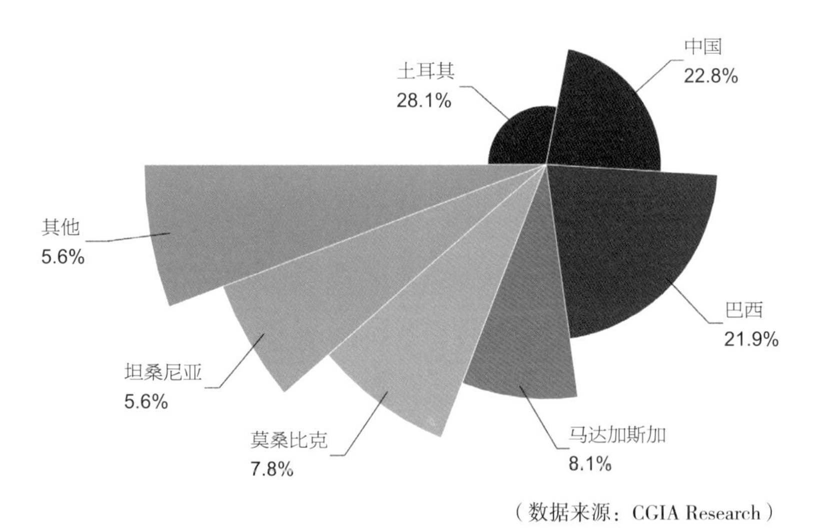

（数据来源：CGIA Research）

图 8-5　全球石墨资源分布比例

才、技术、资金优势，技术升级快，但环境容量小、可开发资源少。而东三省、川渝、中西部地区，拥有环境容量大、石墨资源富集的优势，但人才、技术、资金不足。如何从国家层面引导分工合作，优化资源配置与产业布局有待研究。

二是国际合作少。虽然近几年国内不同层面的会展、论坛越来越多，一些地区或企业开展了人才和技术引进，但推进速度不快、效率不高，国际合作有待加强。

三是行业标准制定滞后。我国不仅要推动石墨烯相关国家标准制定，更要推动国际标准制定，争取话语权。

基于此，我国加大了对石墨烯产业的重视。在工信部公布的《重点新材料首批次应用示范指导目录（2021 年版）》中，石墨烯散热材料、石墨烯导电浆料、涂布法制备石墨烯电热膜、石墨烯导热复合材料、石墨烯改性发泡材料、石墨烯改性润滑材料等 6 种石墨烯材料入选。

如今，我国经济已进入新常态，转型升级、创新发展是必然选择。以石墨烯为代表的战略性新材料正是我国材料转型升级、创新发展的主攻方向之一。

欲戴王冠，必承其重：石墨烯产业化还需长期发展

全球石墨烯产业目前尚处于早期阶段，但公众对新材料石墨烯的热捧，加上媒体的大力宣传与资本的不断涌入，导致石墨烯产业如火如荼，呈现出了“忽如一夜春风来，千树万树梨花开”的景象。

在我国从事石墨烯相关业务的企业中，从事研发、销售和应用的占比排名前 3，占比分别为 55.87%、12.63%、12.01%。从事制备、技术服务、投资、设备、检测的共计占比 19.49%，说明石墨烯的市场化在逐步展开（见图 8–6）。但需要注意的是，当前我国石墨烯产业仍面临一些深层次问题，如基础科研能力薄弱，缺乏高科技龙头企业带动，上下游企业脱节，产业链不成熟，资本市场过度透支石墨烯概念，行业标准缺失等。这些问题都严重制约了我国石墨烯产业的健康可持续发展。

目前，我国在储能、涂料、导电膜等领域已经研发出一系列应用，石墨烯产业化方面已经取得了一定的成效。截止 2022 年 5 月，我国石墨烯相关专利申请数量达到 82 294 项（见图 8–7），居世界前列。

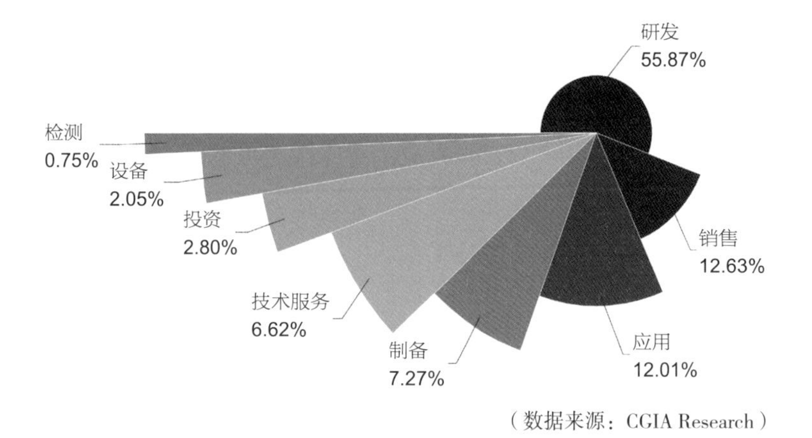

图 8-6 我国各业务领域的石墨烯单位数量占比

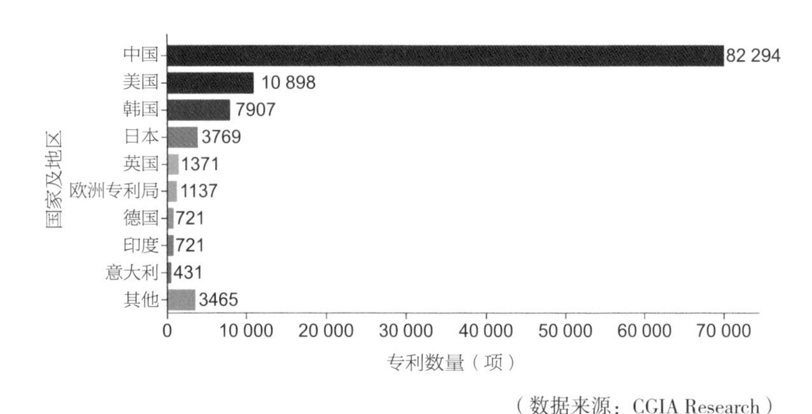

图 8-7 截至 2022 年 5 月全球石墨烯主要专利技术来源国家及地区

但我国的整体投入仍显不足，石墨烯领域多是中小微企业，而国外则存在很多领头的跨国企业。

此外，现有的石墨烯产业大多技术门槛不高，企业主要将石墨烯作为添加剂使用，并未在关键技术上取得突破。在实际应用中，只有缺陷不多的少层石墨烯才具备强大特性，现有很多产品并未发挥出石墨烯的真正效用。作为“新材料之王”，石墨烯具有各项优异性能毋庸置疑，在未来的诸多领域必将大放异彩，但任何一种新材料从诞生到实现产业化应用都需要长期积累。在此过程中，需要逐步攻克科研难关，一步步降低生产成本，优化生产过程，把控产品品质，最终这种新材料才能以合格的姿态出现在消费者面前。

飞入寻常百姓家：石墨烯产业的迅速发展

如前所述，美国、欧盟、日本和中国等全球近80个国家和地区均将石墨烯的发展提高到战略高度。各国企业也积极进行石墨烯产业的布局，据统计，全球有近300家龙头企业涉足石墨烯相关技术的研发，包括杜邦、波音、华为、三星、索尼等科技巨头。随着科技的发展，石墨烯系列产品不断从实验室转入工业化，逐渐走进人们的日常生活（见图8-8）。

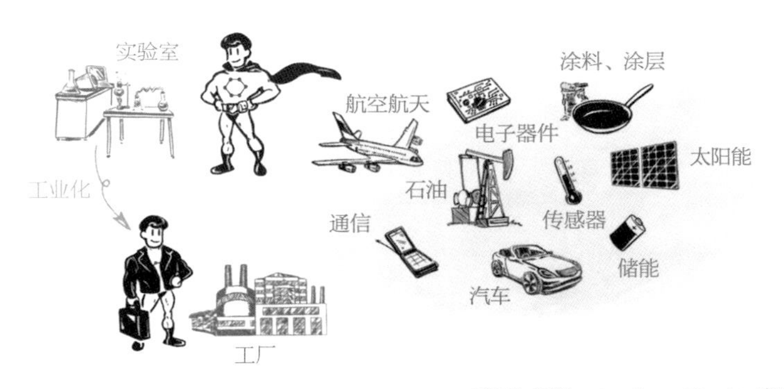

（资料来源：Graghene Flagship官网）

图8-8　石墨烯工业化及主要用途

石墨烯的应用主要集中在新材料、新能源、电子信息、生物医药、环境保护等领域。例如，随着柔性电子技术的发展，石墨烯柔性电子纸可以在弯曲甚至任意变形的状态下保持正常显示，或许“哈利·波特”系列小说中所描绘的魔法报纸在不久的将来就会成为现实（见图8-9）。

图8-10展示的是英国剑桥大学石墨烯中心和Plastic Logic公司共同生产的第一张基于石墨烯的柔性电子纸。

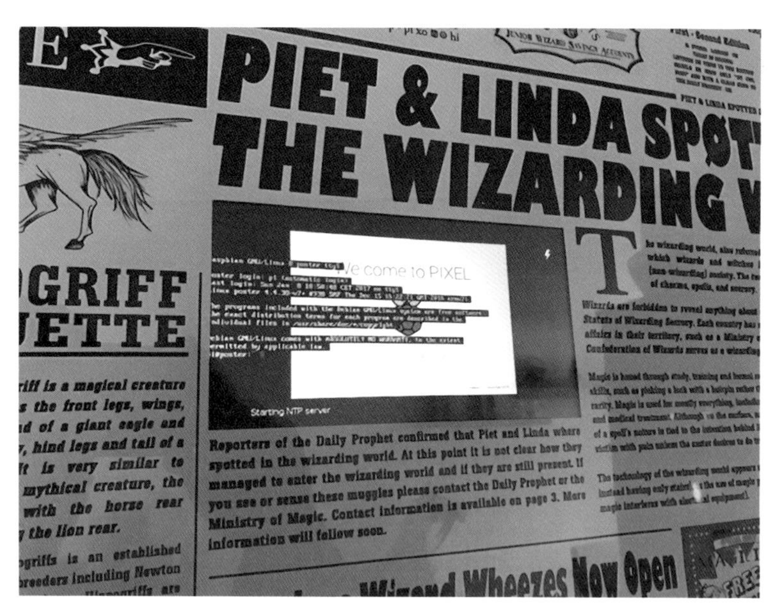

图 8-9　“哈利·波特”系列小说中的魔法报纸

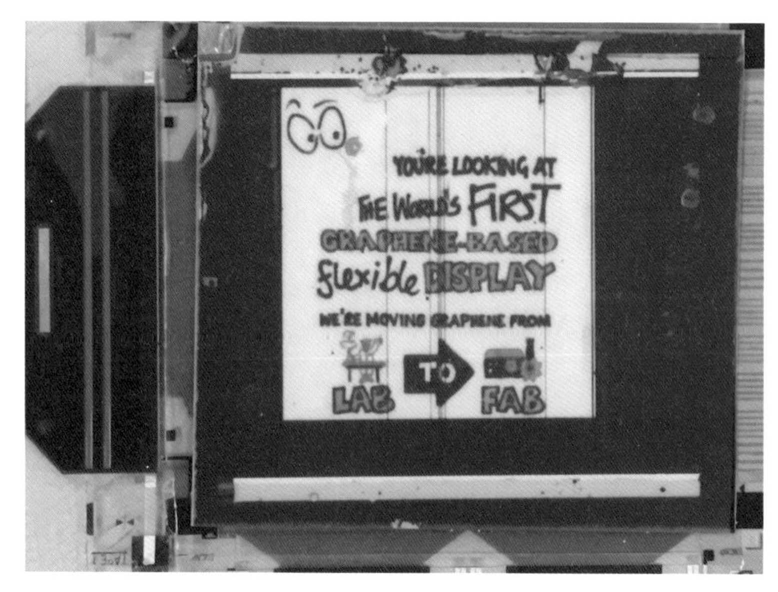

图 8-10　石墨烯柔性电子纸

但是，随着资本的不断涌入，打着石墨烯旗号的产品也层出不穷，通过炒作石墨烯概念来提高销量，有欺诈消费者之嫌。这一现象反映出目前大众对石墨烯的真实情况仍存在误解，给了投机分子可乘之机，使得石墨烯产品市场鱼龙混杂，长期来看不利于产业的健康发展。

总而言之，石墨烯产业整体呈现出良好的发展前景，未来产业发展趋势将更偏向石墨烯的绿色、高质量、规模化制备，产品的科技含量也将进一步提升。

无边光景一时新：石墨烯带动其他相关产业进步

作为一项重大的科研突破，石墨烯的独特性能打破了某些产业原有的技术瓶颈，在各领域大显身手（见图 8-11）。石墨烯产业作为技术密集型、资金密集型、人员密集型产业，拥有强大的生命力和创造力，有望带动相关联的上下游企业，推动产业链的整体发展。

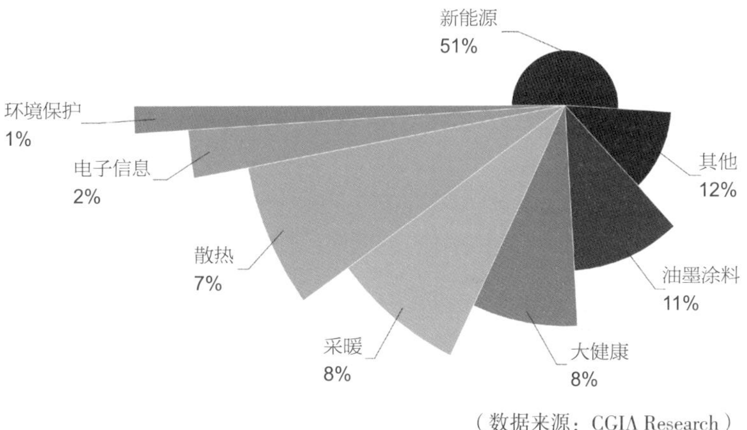

图 8-11 石墨烯相关产业领域

例如，石墨烯过滤膜可用于海水淡化，其过滤效果优于现有海水淡化技术。目前，海水淡化常用的反渗透技术，原理上是用某种特制的高分子滤膜来阻隔海水中的盐离子，同时施加很大的压力来驱动水分子通过，因此能耗高，不适合推广。利用石墨烯的亲疏水特性，对石墨烯层片进行一定的加工和组装，形成纳米级的传输通道，即可获得类似分子筛的过滤膜，水分子可以畅通无阻而盐离子则被有效截留。使用石墨烯过滤膜进行海水淡化，相同压力下的工作效率可比传统反渗透膜提高数百倍，大大降低了能耗和成本（见图 8-12）。

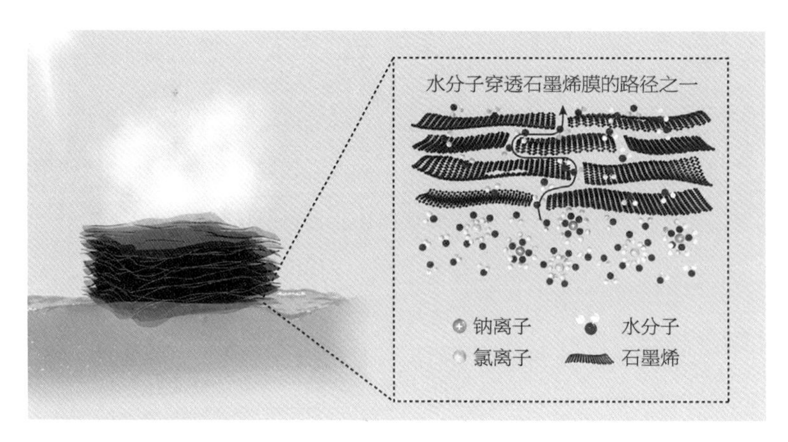

图 8-12　石墨烯过滤膜用于海水淡化

此外，在环境保护领域，石墨烯由于具有大比表面积，且易于在表面修饰不同的官能团，在水体和土壤修复与治理方面具有很好的应用前景。

事实上，在石墨烯的产业应用中，与人们日常生活息息相关的还有很多，石墨烯正悄悄地改变着我们的衣食住行（见图 8-13），举例如下。

衣：石墨烯柔性可穿戴设备可以与衣物结合，实时监测人体的健康状况。生物质石墨烯内暖纤维用作织物，具有快速升温、抗菌抑菌等功能。

食：石墨烯复合薄膜可以用于制造智能农作物大棚，取代传统的采暖材料，促进作物生长。

住：石墨烯智能玻璃可以实现透光率和颜色的实时调控，建设智能家居。

行：石墨烯可以增强各类动力储能器件（锂离子电池、超级电容器等）的性能，为绿色出行助力。

万紫千红总是春：石墨烯，新“烯”望

材料的发展史也是人类文明的发展史。从石器时代、青铜时代、铁器时代到信息时代（硅时代），材料的发展直接推动着生产力的进步，从而改变着社会面貌。几万年前，我们的祖先还在刀砍斧斫，用石头与骨片制造简易的工具，而今天，我们已经能够将材料制成一个原子的厚度。探索未知的世界离不开材料的进步。铁路纵横，高楼林立，愈发便利的生活离不开材料的发展。

有人预言，我们即将迎来碳材料的时代，这里的“碳”，既包括衍生出各类生物技术的有机物，也包括结构、性能各异的碳单质。其中，石墨烯是最亮眼的一颗新星。

新材料的出现往往会带来意想不到的巨大作用。一百多年前，当塑料刚被发明出来时，没有人能预料到它能在不久的将来走进千家万户，成为日常生活中最常见、最重要的材料之一。“登高而招，臂非加长也，而见者远；顺风而呼，声非加疾也，而闻者彰。”如今，石墨烯掀起了新的潮流，如何顺应时代发展，占领未来科技产业制高点，是当今正处于重要转型期的我国所面临的重要课题。

从诞生于曼彻斯特大学的实验室，到成为新材料的领军代表，石墨烯走过了十几年的风风雨雨，它曾是无数实验室竞相探索的宠儿，也成为众多企业一哄而上的商机，经历过吹捧与质疑，不变的是其光明的未来。

图 8-13　石墨烯改变日常生活

体征探测

储能器件

生物医学

（资料来源：Graphene Flagship官网）

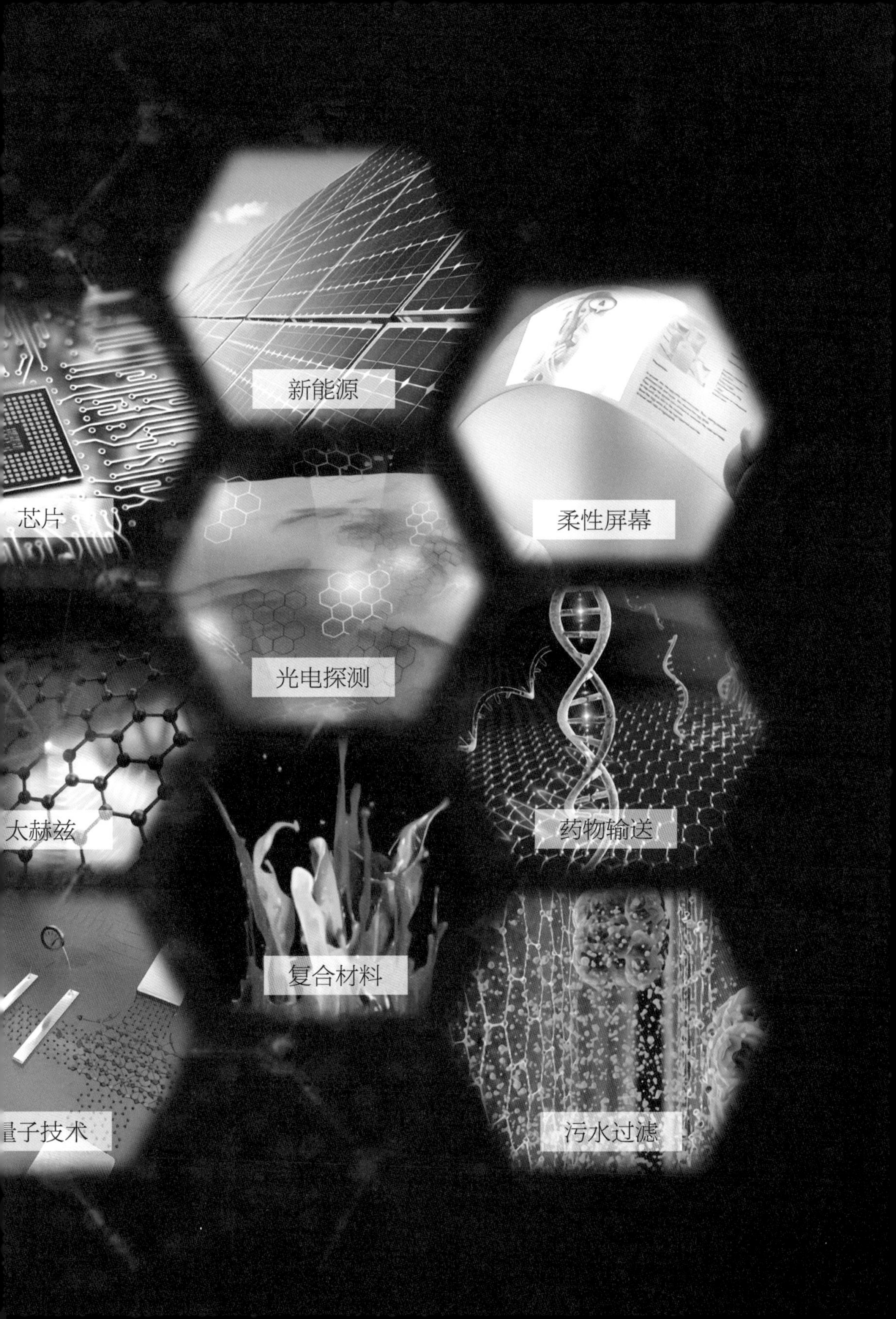

新能源

芯片

柔性屏幕

光电探测

太赫兹

药物输送

复合材料

量子技术

污水过滤

参考资料